Abhängigkeitsgraph

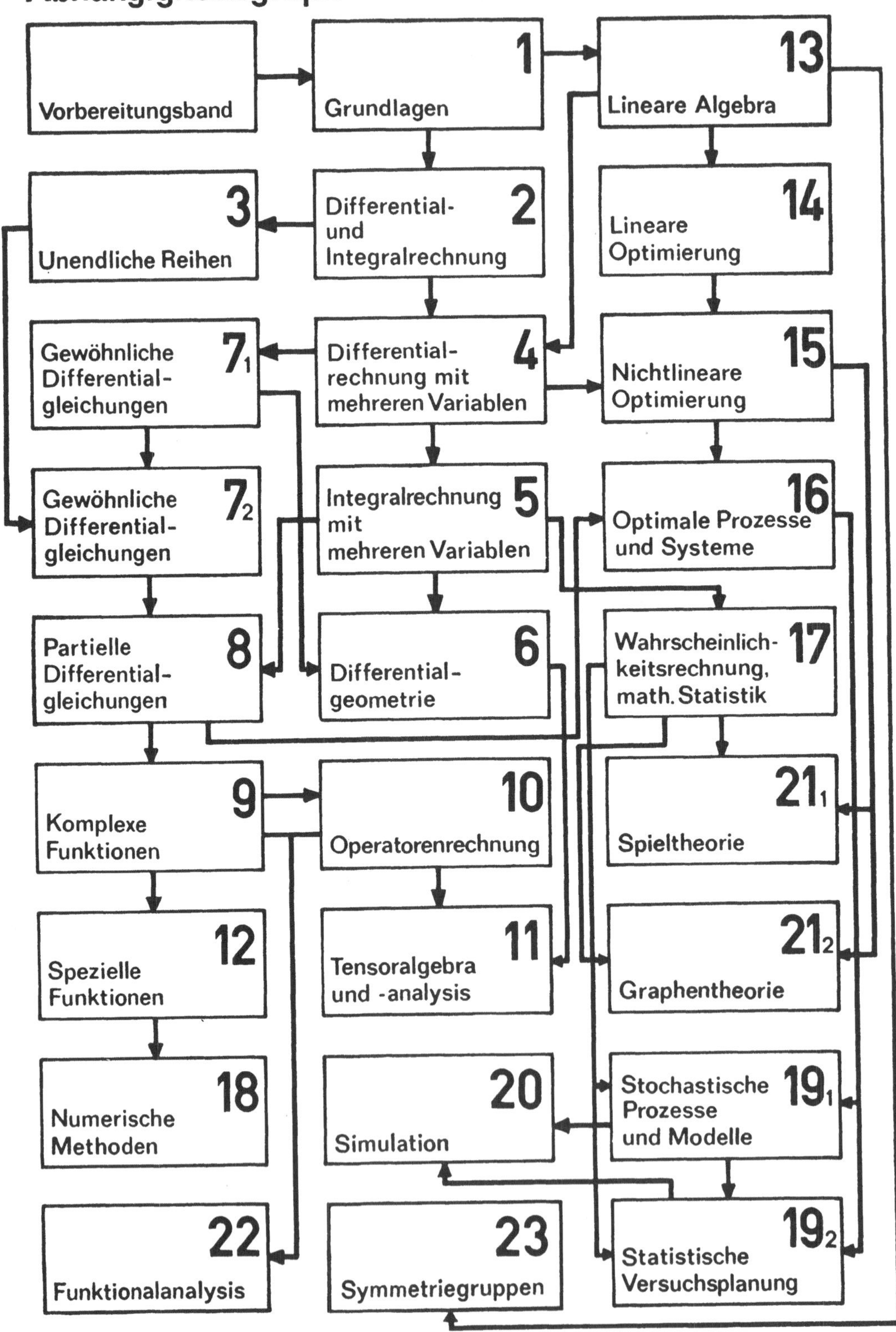

MATHEMATIK FÜR INGENIEURE, NATURWISSENSCHAFTLER,
ÖKONOMEN UND LANDWIRTE · BAND 8

Herausgeber: Prof. Dr. O. Beyer, Magdeburg · Prof. Dr. H. Erfurth, Merseburg
Prof. Dr. O. Greuel † · Prof. Dr. C. Großmann, Dresden
Prof. Dr. H. Kadner, Dresden · Prof. Dr. K. Manteuffel, Magdeburg
Prof. Dr. M. Schneider, Karl-Marx-Stadt · Doz. Dr. G. Zeidler, Berlin

DOZ. DR. P. MEINHOLD
DOZ. DR. E. WAGNER

Partielle Differentialgleichungen

6. AUFLAGE

BSB B. G. TEUBNER VERLAGSGESELLSCHAFT
1990

Das Lehrwerk wurde 1972 begründet und wird seither herausgegeben von:
Prof. Dr. Otfried Beyer, Prof. Dr. Horst Erfurth, Prof. Dr. Otto Greuel †, Prof. Dr. Horst Kadner,
Prof. Dr. Karl Manteuffel, Doz. Dr. Günter Zeidler
Außerdem gehören dem Herausgeberkollektiv an:
Prof. Dr. Manfred Schneider (seit 1989), Prof. Dr. Christian Großmann (seit 1989)

Verantwortlicher Herausgeber dieses Bandes:
Dr. rer. nat. habil. Horst Erfurth, ordentlicher Professor an der Technischen Hochschule
„Carl Schorlemmer", Leuna-Merseburg

Autor der Kapitel 1–4.2.:
Dr. sc. nat. Eberhard Wagner, Dozent an der Martin-Luther-Universität Halle-Wittenberg

Autor der Kapitel 4.3.–6.:
Dr. rer. nat. Peter Meinhold, Dozent an der Technischen Universität Dresden

Als Lehrbuch für die Ausbildung an Universitäten und Hochschulen der DDR anerkannt.

Berlin, Mai 1989   Minister für Hoch- und Fachschulwesen

Meinhold, Peter:
Partielle Differentialgleichungen /
P. Meinhold; E. Wagner. –
6. Aufl. – Leipzig : BSB Teubner, 1990. –
116 S.: 12 Abb.
(Mathematik für Ingenieure, Naturwissenschaftler,
Ökonomen und Landwirte; 8)
NE: Wagner, Eberhard: ; GT

ISBN 978-3-322-00257-0   ISBN 978-3-663-01230-6 (eBook)
DOI 10.1007/978-3-663-01230-6

Math. Ing. Nat. wiss. Ökon. Landwirte, Bd. 8

ISSN 0138-1318

© BSB B. G. Teubner Verlagsgesellschaft, Leipzig, 1975

6. Auflage

VLN 294-375/48/90 . LSV 1064

Lektor: Dorothea Ziegler

Satz: INTERDRUCK Graphischer Großbetrieb Leipzig — III/18/97

00640

Vorwort

Die mathematische Modellierung deterministischer Prozesse aus Physik und Technik, aber auch aus anderen Wissenschaftsgebieten, führt sehr häufig auf Differentialgleichungen. Der Grund hierfür liegt letztlich darin, daß oftmals die „Triebkräfte des Prozesses" durch räumliche und/oder zeitliche Änderungen der gesuchten Funktionen beschrieben werden (man denke etwa als einfaches Beispiel an das Newtonsche Grundgesetz) und daß dadurch Ableitungen dieser Funktionen mit auftreten. Handelt es sich dabei um eine Differentialgleichung für eine Funktion von mehreren Veränderlichen, so spricht man von einer partiellen Differentialgleichung.

Das Gebiet der partiellen Differentialgleichungen ist außerordentlich umfangreich und erfordert für tiefere Untersuchungen Methoden, die weit über das Anliegen dieser Lehrbuchreihe hinausreichen. Dieser Band kann deshalb dem Leser nur einen einführenden Einblick in einige typische Aufgabenstellungen und Lösungsmethoden geben und damit einen Ausgangspunkt für weitere Literaturstudien schaffen. Auf Systeme von partiellen Differentialgleichungen mußte völlig verzichtet werden.

Die partiellen Differentialgleichungen 1. Ordnung werden im Kapitel 2 behandelt. Ihre Theorie ist gut ausgebaut. Ein wichtiges Ergebnis ist dabei – auch für nichtlineare Gleichungen – die Rückführbarkeit auf gewöhnliche Differentialgleichungssysteme.

Von besonderer Bedeutung sind in den Anwendungen Differentialgleichungen 2. Ordnung. Ihre Vielfalt und ihr unterschiedliches Verhalten erfordern sowohl aus theoretischer als auch aus praktischer Sicht eine weitere Klassifikation. Diese Klassifikation wird im Kapitel 3 für gewisse fastlineare Gleichungen 2. Ordnung durchgeführt. Es folgen einige elementare Lösungsmethoden für lineare Gleichungen 2. Ordnung auf der Grundlage des Superpositionsprinzips.

Kapitel 4 nimmt eine zentrale Stellung ein. An Hand repräsentativer Vertreter der linearen parabolischen, hyperbolischen und elliptischen Gleichungen 2. Ordnung, nämlich der Wärmeleitungsgleichung, der Wellengleichung und der Potentialgleichung, werden für die Anwendungen wichtige Aufgabenstellungen behandelt, die sich durch korrekt gestellte Anfangsbedingungen und/oder Randbedingungen ergeben. Wegen ihrer relativ umfangreichen Leistungsfähigkeit steht dabei die Fouriersche Methode im Mittelpunkt. Für die Wellengleichung wurden außerdem die d'Alembertsche und die Kirchhoffsche Methode mit aufgenommen, da dadurch weitere wichtige Aspekte erfaßt werden. Die Behandlung durch Fouriertransformation und durch Laplacetransformation konnte unterbleiben, hierfür steht Band 10 zur Verfügung.

Kapitel 5 ist als eine Einführung in einige Teile der klassischen Potentialtheorie anzusehen. Es bildet zusammen mit Abschnitt 4.4. eine Einheit. Die Potentialtheorie hat durch ihre vielfältigen Anwendungen eine große Bedeutung und gab historisch gesehen starke Impulse für die Entwicklung der Analysis. Sie ist eine relativ selbständige, abgerundete Theorie; dies näher zu beleuchten war hier aber nicht möglich.

Das kurze Kapitel 6 wurde ab der 4. Auflage aufgenommen. Es erhebt nicht den Anspruch, in die nichtlinearen Differentialgleichungen weiter einzuführen, sondern will nur auf die wachsende Bedeutung dieses komplizierten Gebietes aufmerksam machen.

P. Meinhold
E. Wagner

Inhalt

1. Einführung

1.1. Beispiele partieller Differentialgleichungen

Bei der mathematischen Beschreibung von Erscheinungen und Prozessen in Naturwissenschaft und Technik wird man oft auf Gleichungen für unbekannte Funktionen geführt, in denen partielle Ableitungen dieser Funktionen auftreten.

Beispiel 1.1: Schwingt eine Saite in einer Ebene, so kann durch eine Funktion $u(x, t)$ die Auslenkung u jedes Saitenpunktes x zu einem beliebigen Zeitpunkt t angegeben werden. Unter gewissen physikalischen Voraussetzungen und bei sehr kleinen Amplituden genügt die Funktion der Gleichung

$$u_{tt} = a^2 u_{xx} + f(x, t) \quad (a^2 \text{ konstant}). \tag{1.1}$$

$f(x, t)$ gibt den Einfluß äußerer Kräfte auf die Saite wieder.[1] Dieselbe Rolle spielen bei Schwingungen „flächenhafter" (Membran) oder räumlich ausgedehnter Körper die Gleichungen

$$u_{tt} = a^2(u_{xx} + u_{yy}) + f \quad \text{bzw.} \quad u_{tt} = a^2(u_{xx} + u_{yy} + u_{zz}) + f. \tag{1.2}$$

Die Gleichungen (1.1) und (1.2) bezeichnet man als *Wellen-* oder *Schwingungsgleichungen* (vgl. Beispiele 3.7 in 3.2. und 4.2 – 4.4 in 4.3.1.).

Beispiel 1.2: Die Temperatur u in einem Punkt $P(x, y, z)$ eines Körpers zu einem Zeitpunkt t läßt sich durch eine Funktion $u(x, y, z, t)$ beschreiben, die unter bestimmten physikalischen Bedingungen der sogenannten *Wärmeleitungsgleichung*

$$u_t = a^2(u_{xx} + u_{yy} + u_{zz}) \quad (a^2 \text{ konstant}) \tag{1.3}$$

genügt. Sie spielt auch bei Diffusionsprozessen eine wichtige Rolle (vgl. Bsp. 3.12, Abschn. 4.2.).

Beispiel 1.3: Ist die Temperaturverteilung in einem Körper zeitlich konstant ($u_t = 0$), so genügt $u(x, y, z)$ der Gleichung

$$u_{xx} + u_{yy} + u_{zz} = 0, \tag{1.4}$$

die man *Laplacesche Gleichung* nennt. Mehr darüber findet man in Abschnitt 5.

Beispiel 1.4: Jede stetige Funktion $u = f(x^2 + y^2)$ stellt eine Rotationsfläche um die u-Achse dar (warum?) und erfüllt wegen $u_x = 2xf'$, $u_y = 2yf'$ die Gleichung[2]

$$yu_x - xu_y = 0, \tag{1.5}$$

falls $f(z)$ für $z \geqq 0$ differenzierbar ist.

Beispiel 1.5: Alle Funktionen der Form $u(x, y) = f(x) g(y)$ erfüllen die Gleichung

$$uu_{xy} - u_x u_y = 0, \tag{1.6}$$

wenn f und g differenzierbar sind. (Machen Sie die Probe!)

1.2. Grundbegriffe und Klassifikation

D.1.1 **Definition 1.1:** *Jede Gleichung der Form*

$$F(x_1, x_2, \dots, x_n, u, u_{x_1}, \dots, u_{x_n}, u_{x_1 x_1}, u_{x_1 x_2}, \dots) = 0, \tag{1.7}$$

die die Werte der unabhängigen Variablen $x_1, \dots, x_n$, einer Funktion u dieser Variablen und gewisser ihrer Ableitungen miteinander verknüpft, heißt eine **partielle Differential-**

---

[1] Die partielle Ableitung einer Funktion $f(x_1, \dots, x_n)$ nach der Variablen $x_i (i = 1, \dots, n)$ bezeichnen wir mit f_{x_i} (im Band 4 wird dafür das Symbol $f_{|i}$ benutzt) oder $\dfrac{\partial f}{\partial x_i}$.

[2] Mit f' ist die Ableitung von f nach dem (einzigen) Argument $z = x^2 + y^2$ gemeint.

gleichung (*p. Dgl.*). *Die höchste auftretende Ordnung der partiellen Ableitungen heißt ihre Ordnung.*

Wie die vorangehenden Beispiele ausweisen, müssen nicht alle genannten Größen tatsächlich auftreten.

Definition 1.2: *Als eine* **Lösung** *oder ein* **Integral** *einer partiellen Differentialgleichung*   **D.1.2** *bezeichnet man jede Funktion* $u = u(x_1, x_2, ..., x_n)$, *die in einem Gebiet G des* $x_1, ..., x_n$- *Raumes die folgenden Bedingungen erfüllt:*

a) Sie besitzt in G alle partiellen Ableitungen, die in der partiellen Differentialgleichung vorkommen.

b) Setzt man $u(x_1, ..., x_n)$ *und ihre partiellen Ableitungen ein, so ist die partielle Differentialgleichung für alle Punkte* $(x_1, ..., x_n) \in G$ *identisch erfüllt.*

Für die Berechnung von Lösungen durch analytische oder numerische Verfahren ist die Unterscheidung in lineare und nichtlineare p. Dgln. von fundamentaler Bedeutung.

Definition 1.3: *Eine p. Dgl. heißt* **linear,** *wenn die gesuchte Funktion u und deren par-*   **D.1.3** *tielle Ableitungen nur linear auftreten.*

Demnach lautet die allgemeine lineare p. Dgl. 2. Ordnung für $u = u(x, y)$

$$a_{11}u_{xx} + a_{12}u_{xy} + a_{22}u_{yy} + b_1 u_x + b_2 u_y + cu + d = 0, \tag{1.8}$$

wobei die Koeffizienten $a_{11}, ..., d$ von x und y abhängen können.

Definition 1.4: *Eine lineare p. Dgl. heißt* **homogen,** *wenn kein Summand auftritt, der*   **D.1.4** *nicht mit u oder einer partiellen Ableitung von u multipliziert ist.*

Aufgabe 1.1: Prüfen Sie nach, daß (1.1) bis (1.5) linear sind!   *

Aufgabe 1.2: Prüfen Sie nach, daß (1.3) bis (1.5) homogen sind!   *

Es sind (1.1), (1.2) und (1.8) genau dann homogen, wenn $f \equiv 0$ bzw. $d(x, y) \equiv 0$ sind. Man überzeugt sich leicht davon, daß (wie bei gewöhnlichen linearen Dgln.)
a) jede Linearkombination von Lösungen einer homogenen p. Dgl. ebenfalls eine Lösung dieser p. Dgl. ist,
b) die Differenz zweier Lösungen einer inhomogenen p. Dgl. eine Lösung der zugeordneten homogenen p. Dgl. ist.
Prüfen Sie das an Hand der p. Dgl. (1.8) nach!

Definition 1.5: *Eine p. Dgl. k-ter Ordnung heißt* **quasilinear,** *wenn die partiellen Ab-*   **D.1.5** *leitungen k-ter Ordnung nur linear vorkommen.*

Die Koeffizienten der k-ten Ableitungen können also außer von den unabhängigen Variablen auch von u und den partiellen Ableitungen von u bis zur Ordnung $k - 1$ abhängen. Die allgemeine quasilineare p. Dgl. 1. Ordnung, mit der wir uns im folgenden Abschnitt befassen werden, lautet

$$a_1(x_1, ..., x_n, u)\, u_{x_1} + \cdots + a_n(x_1, ..., x_n, u)\, u_{x_n} + b(x_1, ..., x_n, u) = 0.$$

Eine weitergehende Einteilung spezieller quasilinearer Dgln. 2. Ordnung in gewisse Grundtypen wird in Abschnitt 3.1. vorgenommen.

* *Aufgabe 1.3:* Prüfen Sie, daß (1.6) quasilinear ist!

Weitere *Aufgaben:* Klassifizieren Sie die folgenden Gleichungen hinsichtlich ihrer Ordnung, Linearität, Quasilinearität und Homogenität!

* *1.4.* $\qquad x_1^2 u_{x_2} - \sin x_2\, u_{x_3} + u_{x_4} - x_1 x_2 u = 0, \quad u = u(x_1, x_2, x_3, x_4).$

* *1.5.* $\qquad u u_{xy} - x^2 u_y + u u_y - u^2 = \sin x \cos y, \quad u = u(x, y).$

* *1.6.* $\qquad u_{xyy} u_{zzz} - x u_{xy} + u_z + yu = 0, \quad u = u(x, y, z).$

1.3.   Einfache Sonderfälle

In seltenen Fällen können alle Lösungen einer p. Dgl. mit elementaren bzw. den für gewöhnliche Dgln. zur Verfügung stehenden Methoden (Bd. 7/1 und 7/2) berechnet werden.

Beispiel 1.6: Die p. Dgl. $u_{xx} + y^2 u = 0$ für $u = u(x, y)$ enthält keine Ableitungen nach y, so daß sie wie eine gewöhnliche Dgl. für u als Funktion von x (mit konstantem y als Parameter) gelöst werden kann. Mit dem Ansatz $u = e^{\lambda x}$ findet man (s. Bd. 7/1, 3.5.4. und 3.5.5.) ihre allgemeine Lösung $u = C_1 \cos(xy) + C_2 \sin(xy)$. Dabei ist zu beachten, daß die frei wählbaren Konstanten C_1, C_2 zwar nicht von der Variablen x, aber von dem Parameter y abhängen dürfen: $C_1 = F(y)$, $C_2 = G(y)$, so daß die Gesamtheit aller Lösungen der p. Dgl. durch $u(x, y) = F(y) \cos(xy)$ $+ G(y) \sin(xy)$ mit frei wählbaren Funktionen F, G dargestellt wird. Entsprechend kann jede p. Dgl., in der partielle Ableitungen nach nur einer einzigen Variablen auftreten, wie eine gewöhnliche Dgl. behandelt werden.

Beispiel 1.7: Integriert man die p. Dgl. $u_{xy} = f(x, y)$ zuerst nach y und anschließend nach x, so erhält man nacheinander $u_x = \int f(x, y)\, \mathrm{d}y + C(x)$ und $u = \iint f(x, y)\, \mathrm{d}y\, \mathrm{d}x + \int C(x)\, \mathrm{d}x + D(y)$ bzw. $u = \iint f(x, y)\, \mathrm{d}y\, \mathrm{d}x + F(x) + G(y)$ mit differenzierbarem F und sonst frei wählbaren Funktionen F, G.

Beispiel 1.8: Die p. Dgl. $u_{xy} - u_x = x$ wird durch die Substitution $v = u_x$ in $v_y - v = x$ überführt. Das ist eine gewöhnliche lineare inhomogene Dgl. 1. Ordnung für v als Funktion von y (x ist Parameter) mit der allgemeinen Lösung (s. Bd. 7/1, 2.3.2.) $v = C(x)\, e^y - x$. Durch Integration nach x erhält man daraus $u(x, y) = F(x)\, e^y - x^2/2 + G(y)$ mit differenzierbarer Funktion F und sonst beliebig wählbaren F, G. Ebenso kann man jede p. Dgl. $F(x, y, u_x, u_{xy}, u_{yyy}, \ldots) = 0$ als gewöhnliche Dgl. für $v = u_x$ auffassen und lösen.

Aufgaben: Geben Sie alle Lösungen der folgenden p. Dgln. an!

* *1.7.* $\qquad u_{yy} + (2 - x)\, u_y - 2xu = 1,$

* *1.8.* $\qquad u_{xyy} - u_x = y.$

1.4.   Problemstellung

Aus den Beispielen 1.4 bis 1.8 ist ersichtlich, daß eine partielle Differentialgleichung eine wesentlich umfangreichere Lösungsmannigfaltigkeit besitzt als eine gewöhnliche Differentialgleichung, denn in den angegebenen Lösungen treten willkürliche Funktionen auf, während die allgemeine Lösung einer gewöhnlichen Differentialgleichung nur von freien Konstanten abhängt. Das vorrangige Interesse in der Theorie der partiellen Differentialgleichungen gilt deshalb weniger dem Auffinden aller Lösungen, sondern den auf die Anwendungen orientierten Fragen: Welche zusätzlichen Bedingungen können gestellt werden, damit es unter allen Lösungen einer p. Dgl. genau eine gibt, die diese Bedingungen erfüllt, und wie kann diese Lösung berechnet werden? Die numerischen Werte der Zusatzbedingungen erhält man in der Praxis oft durch Messungen; sie sind deshalb mit Fehlern behaftet. Man muß darum noch fordern, daß kleine Änderungen dieser Werte auch nur entsprechend kleine Änderungen der Funktionswerte der Lösung bewirken. Existiert eine eindeutige Lösung eines Problems (p. Dgl. und Zusatzbedingungen), die in diesem Sinne stetig von den Zusatzbedingungen abhängt, so spricht man von einem *sachgemäß* oder auch *korrekt gestellten Problem.*

Nur bei korrekt gestellten Problemen darf man erwarten, daß ein geeignetes numerisches Lösungsverfahren die gesuchte, physikalisch oder technisch sinnvolle, Lösung liefert.

2. Partielle Differentialgleichungen 1. Ordnung

2.1. Die verkürzte homogene lineare Gleichung

2.1.1. Begriff

Jede lineare p. Dgl. 1. Ordnung hat die Gestalt

$$\sum_{i=1}^{n} a_i(x_1, ..., x_n)\, u_{x_i} + b(x_1, ..., x_n)\, u + c(x_1, ..., x_n) = 0. \tag{2.1}$$

Zur Abkürzung werden wir oft die folgende vektorielle Schreibweise verwenden:
$\mathbf{x} = (x_1, ..., x_n)$, $\mathbf{a} = (a_1(\mathbf{x}), ..., a_n(\mathbf{x}))$. Über die Koeffizienten $a_i(\mathbf{x})$, $b(\mathbf{x})$, $c(\mathbf{x})$ machen wir folgende Voraussetzungen:

I. Sie sind in einem Gebiet G des $x_1, ..., x_n$-Raumes stetig.

II. In keinem Punkt von G sind alle gleichzeitig null.

Wir werden zunächst nicht (2.1), sondern die „verkürzte" homogene Gleichung (in vektorieller Schreibweise; vgl. Band 4, 5.2.1.)

$$\mathbf{a}(\mathbf{x}) \cdot \operatorname{grad} u = 0 \tag{2.2}$$

betrachten ($b \equiv 0$, $c \equiv 0$). Die Lösung jeder Gleichung der Form (2.1) und sogar jeder quasilinearen p. Dgl. lassen sich auf die Lösung einer Gleichung der Form (2.2) zurückführen, wie in 2.2. gezeigt wird.

Offenbar besitzt (2.2) die Lösungen $u(x_1, ..., x_n) = \text{const}$.

D.2.1 **Definition 2.1:** *Die Lösungen $u = \text{const}$ heißen* **triviale** *Lösungen von* (2.2), *jede andere Lösung heißt* **nichttrivial**.

Unser Interesse gilt dem Auffinden nichttrivialer Lösungen. Wir wenden uns zuerst dem Fall zweier unabhängiger Variabler x, y zu, der sich durch besondere Anschaulichkeit auszeichnet. Wir betrachten die p. Dgl.

$$a_1(x, y)\, u_x + a_2(x, y)\, u_y = 0. \tag{2.3}$$

2.1.2. Das charakteristische System

In einem Gebiet der x,y-Ebene sei uns eine nichttriviale Lösung von (2.3) bekannt, die wir uns geometrisch als (krumme) Fläche über G vorstellen. Aus G denken wir uns alle Punkte entfernt, in denen $u_x = u_y = 0$ ist. Eine Höhenlinie von u besitze die Parameterdarstellung

$$x = x(t),\, y = y(t),\, u = c \quad (c \text{ konstant}), \tag{2.4}$$

wobei der Parameter t ein gewisses Intervall I durchlaufe.

Es ist also $u(x(t), y(t)) = c$ für alle $t \in I$ und deshalb für differenzierbare $x(t), y(t)$

$$\frac{\mathrm{d}u}{\mathrm{d}t} \equiv x'(t)\, u_x(x(t), y(t)) + y'(t)\, u_y(x(t), y(t)) = 0. \tag{2.5}$$

Außerdem ist in allen Punkten der Höhenlinie (2.3) erfüllt:

$$a_1(x(t), y(t))\, u_x(x(t), y(t)) + a_2(...)\, u_y(...) = 0. \tag{2.6}$$

Das aus (2.5) und (2.6) gebildete lineare homogene Gleichungssystem für u_x und u_y besitzt nach unseren Annahmen für alle $t \in I$ eine nichttriviale Lösung. Es müssen also die Koeffizienten der Gleichungen zueinander proportional sein. Ohne nähere Begründung sei mitgeteilt, daß bei geeigneter Wahl des Parameters t der Proportionalitätsfaktor gleich 1 ist (vgl. [2]), also

$$a_1(x(t), y(t)) = x'(t), \quad a_2(x(t), y(t)) = y'(t). \tag{2.7}$$

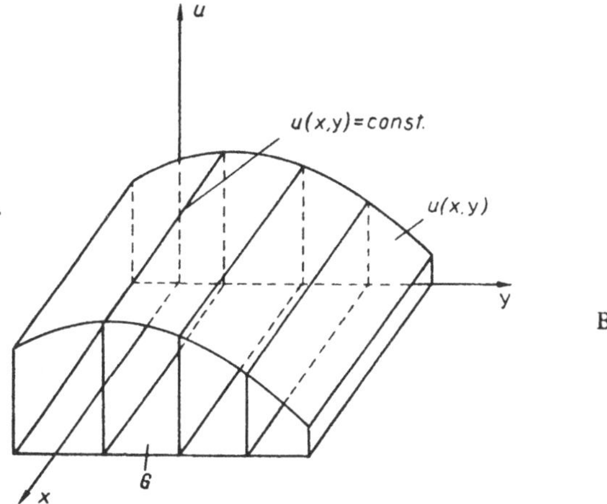

Bild 2.1

Diese Gleichungen enthalten nicht mehr die Funktion u und können, ungeachtet ihrer Herleitung, als (2.3) zugeordnet angesehen werden. Sie heißen *charakteristische Gleichungen* von (2.3).

Definition 2.2: *Das der p. Dgl. (2.2) zugeordnete System gewöhnlicher Differential-* **D.2.2**
gleichungen 1. Ordnung

$$x_1'(t) = a_1(x_1(t), ..., x_n(t))$$
$$\cdot \cdot \cdot \cdot \cdot \cdot \cdot \cdot \cdot \cdot \cdot \cdot \cdot \cdot \cdot \cdot \cdot \cdot \tag{2.8}$$
$$x_n'(t) = a_n(x_1(t), ..., x_n(t))$$

heißt **charakteristisches System** *von* (2.2).

Über Existenz und Eindeutigkeit der Lösungen eines Systems gewöhnlicher Dgln. 1. Ordnung siehe Bd. 7/1, 3.2.

Definition 2.3: *Jede Lösung*   **D.2.3**

$$x_1 = x_1(t), \; x_2 = x_2(t), \; ..., \; x_n = x_n(t) \tag{2.9}$$

des charakteristischen Systems heißt eine **charakteristische Grundkurve** *oder* **Grundcharakteristik** *von* (2.2). *Als* **Charakteristik** *bezeichnet man jede Kurve im* $x_1, ..., x_n, u$*-Raum mit der Parameterdarstellung* (2.9) *und* $u = c$.

Für den Fall zweier unabhängiger Variabler haben wir gezeigt, daß die Höhenlinien jeder Integralfläche Charakteristiken und deren Projektionen in die x, y-Ebene Grundcharakteristiken von (2.3) sind. Umgekehrt kann man auch beweisen, daß jede Funktion $u(x, y)$ mit stetigen partiellen Ableitungen 1. Ordnung eine Lösung von (2.3) ist, wenn die Höhenlinien ihrer Fläche Charakteristiken sind, d.h., wenn die Funktionswerte von u längs jeder Grundcharakteristik konstant sind. Diese Aussagen sind übertragbar auf die allgemeinere Dgl. (2.2)

S.2.1 Satz 2.1: *Sind $a_1(x)$, ..., $a_n(x)$ in einem Gebiet G stetig und in keinem Punkt von G gleichzeitig null, so ist jede Funktion $u = u(x)$ mit stetigen partiellen Ableitungen 1. Ordnung in G genau dann eine Lösung von (2.2), wenn sie längs jeder Grundcharakteristik konstant ist.*

Um Lösungen von (2.2) zu finden, hat man demnach die allgemeine Lösung des charakteristischen Systems (2.8) zu berechnen und dann Funktionen zu suchen, die einen konstanten Wert annehmen, wenn man für ihre Variablen die allgemeine Lösung von (2.8) einsetzt. Wie man dieses sehr allgemein formulierte Lösungsprinzip praktisch handhabt, wird in den folgenden Beispielen demonstriert.

Beispiel 2.1: $yu_x - xu_y = 0$, G: x, y-Ebene außer $(0, 0)$; charakteristisches System: $x'(t) = y(t)$, $y'(t) = -x(t)$; allgemeine Lösung des char. Syst. (s. Band 7/1, 4.2.3. und 4.2.4.):

$$x = C_1 \sin (t + C_2), \quad y = C_1 \cos (t + C_2) \quad (C_1, C_2 \text{ beliebig konstant}).$$

Grundcharakteristiken: alle Kreise der x, y-Ebene mit dem Mittelpunkt $(0,0)$.

Charakteristiken: alle Kreise in zur x, y-Ebene parallelen Ebenen mit dem Mittelpunkt auf der u-Achse.

Daraus folgt: Die Integralflächen sind Rotationsflächen um die u-Achse.

Lösungen der p. Dgl.: alle Funktionen $u = f(x^2 + y^2)$, wobei $f(z)$ für $z > 0$ stetig differenzierbar ist, denn längs der Grundcharakteristiken ist $x^2 + y^2 = C_1^2$, also $f(x^2 + y^2)$ konstant.

Schneller findet man das Ergebnis auf folgende Weise: Die erste charakteristische Gleichung wird mit $x(t)$, die zweite mit $y(t)$ multipliziert, dann werden die erhaltenen Gleichungen addiert. Das ergibt

$$x'(t)\,x(t) + y'(t)\,y(t) = \frac{1}{2} \frac{\mathrm{d}}{\mathrm{d}t} \, [x^2(t) + y^2(t)] = 0.$$

Also ist $x^2 + y^2$ längs jeder Grundcharakteristik konstant und nach Satz 2.1 jede stetig differenzierbare Funktion $u = f(x^2 + y^2)$ eine Lösung der partiellen Dgl.

Beispiel 2.2: $xu_x + yu_y + (x^2 + y^2)\,u_z = 0$, G: $x > 0$.

Nach Division durch x: $u_x + (y/x)\,u_y + (x + (y^2/x))\,u_z = 0$.

Die erste charakteristische Gleichung ist $x'(t) = 1$, so daß $x = t$ gesetzt werden darf, da eine additive Konstante bei t weggelassen werden kann. (Sie bewirkt lediglich eine Verschiebung des sowieso unwesentlichen Parameterintervalls.) Somit reduziert sich das charakteristische System auf

$$\frac{\mathrm{d}y}{\mathrm{d}x} = \frac{y(x)}{x}, \quad \frac{\mathrm{d}z}{\mathrm{d}x} = x + \frac{y^2(x)}{x}.$$

Die erste Gleichung löst man durch Trennung der Variablen, setzt das Ergebnis in die zweite Gleichung ein und integriert diese. Man erhält für die Grundcharakteristiken die Darstellung

$$y = C_1 x, \quad z = \frac{1}{2}\,(1 + C_1^2)\,x^2 + C_2,$$

bzw., wenn man diese Gleichungen nach den Konstanten auflöst,

$$C_1 = \frac{y}{x}, \quad C_2 = z - \frac{1}{2}\,(x^2 + y^2).$$

Die letzten beiden Gleichungen sagen aus: Längs jeder Grundcharakteristik sind die Funktionen auf den rechten Seiten

$$u = u_1(x, y, z) = \frac{y}{x}, \quad u = u_2(x, y, z) = z - \frac{1}{2}\,(x^2 + y^2)$$

konstant, also nach Satz 2.1. Lösungen der p. Dgl. Aus diesen zwei speziellen Lösungen kann man beliebig viele weitere erhalten. Ist nämlich $\Omega(u_1, u_2)$ eine beliebige im Wertebereich der

Funktionen $u_1(x, y, z)$, $u_2(x, y, z)$ definierte Funktion mit stetigen partiellen Ableitungen 1. Ordnung, so ist

$$u = \Omega\left(\frac{y}{x}, \; z - \frac{1}{2}(x^2 + y^2)\right)$$

ebenfalls Lösung der p. Dgl., denn längs jeder Grundcharakteristik hat Ω einen konstanten Wert $\Omega(C_1, C_2)$. Man erhält z. B. für

$$\Omega(u_1, u_2) = u_1 u_2 \qquad \text{die Lösung } u = \frac{y}{x}\left[z - \frac{1}{2}(x^2 + y^2)\right],$$

$$\Omega(u_1, u_2) = \sin(u_1^2 - 2u_2) \text{ die Lösung } u = \sin\left(\frac{y^2}{x^2} - 2z + x^2 + y^2\right).$$

Für das Auffinden von Lösungen der p. Dgl. (2.2) mittels der sogenannten **Charakteristikenmethode** haben wir folgende Möglichkeiten kennengelernt:

I. Berechnung der allgemeinen Lösung des charakteristischen Systems, die von $n - 1$ Konstanten abhängt, wenn man die stets bei t auftretende additive Konstante wegläßt:

$$x_i = x_i(t, C_1, C_2, ..., C_{n-1}) \quad (i = 1, ..., n). \tag{2.10}$$

Durch geeignete Verknüpfung dieser Gleichungen eliminiert man den Parameter t und leitet Gleichungen der Gestalt

$$\varphi(C_1, C_2, ..., C_{n-1}) = f(x_1, x_2, ..., x_n)$$

her, in denen die Konstanten nur auf einer und die Variablen nur auf der anderen Seite auftreten. Längs jeder Grundcharakteristik ($C_1, ..., C_{n-1}$ feste Werte) ist demnach f konstant und, falls f stetige partielle Ableitungen 1. Ordnung besitzt, eine Lösung von (2.2).

Anmerkung: Ist ein Koeffizient $a_k(x) \neq 0$ in G, so kann (2.2) durch a_k dividiert werden, und man kann $x_k = t$ setzen.

II. Man kann auch unmittelbar die Gleichungen des charakteristischen Systems so miteinander verknüpfen, daß man Gleichungen der Form

$$\frac{\mathrm{d}}{\mathrm{d}t} f(x_1(t), ..., x_n(t)) = 0 \tag{2.11}$$

erhält, aus denen durch Integration

$$f(x_1(t), ..., x_n(t)) = C \quad (C \text{ konstant})$$

folgt, so daß $u = f(x_1, ..., x_n)$ eine Lösung von (2.2) ist.

III. Hat man auf die beschriebene Weise spezielle Lösungen $u_1(\mathbf{x}), ..., u_m(\mathbf{x})$ erhalten, so können auf der Grundlage des folgenden Satzes weitere Lösungen angegeben werden.

Satz 2.2: *Sind $u_1(\mathbf{x}), ..., u_m(\mathbf{x})$ Lösungen von (2.2) und $\Omega(u_1, ..., u_m)$ eine Funktion, die im Wertebereich der Funktionen $u_1(\mathbf{x}), ..., u_m(\mathbf{x})$ stetige partielle Ableitungen 1. Ordnung besitzt, so ist auch* $\quad$ S.2.2

$$u = \Omega(u_1(\mathbf{x}), ..., u_m(\mathbf{x})) \tag{2.12}$$

eine Lösung von (2.2).

Beweis: Nach Satz 2.1 ist längs jeder Grundcharakteristik $u_i(\mathbf{x}(t)) = C_i$, also auch Ω konstant gleich $\Omega(C_1, ..., C_m)$ und folglich nach Satz 2.1 Lösung von (2.2).

Aufgaben: Bestimmen Sie Lösungen der p. Dgln.

* *2.1.* $\quad xu_x - yu_y = 0$ $\qquad\qquad$ für $\quad x \neq 0$;
* *2.2.* $\quad yu_x + xu_y + (x+y)u_z = 0$ $\qquad$ für $\quad x+y > 0$;
* *2.3.* $\quad x_1u_{x_1} + x_2u_{x_2} + \cdots + x_nu_{x_n} = 0$ $\quad$ für $\quad x_n < 0$!

2.1.3. Fundamentalsystem und allgemeine Lösung

Wenn wir uns die n Gleichungen (2.10) nach t und den Konstanten $C_1, ..., C_{n-1}$ aufgelöst denken, d. h.

$$t = f_0(\mathbf{x}), \quad C_i = f_i(\mathbf{x}), \quad i = 1, 2, ..., n-1,$$

haben wir $n-1$ spezielle Lösungen $f_1, ..., f_{n-1}$ der p. Dgl. (2.2) erhalten, aus denen nach Satz 2.2 beliebig viele weitere Lösungen konstruiert werden können. Es erhebt sich nun die Frage: Gibt es außer den so berechenbaren Lösungen noch weitere? Dieselbe Frage kann man natürlich in bezug auf jede irgendwie gefundene Menge von Lösungen stellen. Ohne auf diese Problematik ausführlicher einzugehen, teilen wir hier nur zusammenfassend folgendes mit:

Es seien $f_1(\mathbf{x}), ..., f_{n-1}(\mathbf{x})$ in einem Gebiet $G \subseteq R^n$ Lösungen der p. Dgl. (2.2), deren Funktionalmatrix (s. Bd. 4, Def. 3.5) in jedem Teilgebiet von G den Rang $n-1$ habe. Das bedeutet, daß es kein Teilgebiet von G gibt, in dessen sämtlichen Punkten der Rang der Funktionalmatrix kleiner als $n-1$ ist. Ist f eine weitere Lösung von (2.2) in G und $\mathbf{x}_0$ irgendein Punkt aus G, in dem der Rang der in Rede stehenden Funktionalmatrix gleich $n-1$ ist, so besitzt f in einer Umgebung von $\mathbf{x}_0$ eine Darstellung

$$f(\mathbf{x}) = \Omega(f_1(\mathbf{x}), ..., f_{n-1}(\mathbf{x})) \tag{2.13}$$

mit einer Funktion $\Omega(u_1, ..., u_{n-1})$, die stetige partielle Ableitungen 1. Ordnung nach den Variablen u_i besitzt. Das heißt: Wenn das System $f_1, ..., f_{n-1}$ die genannten Bedingungen erfüllt, gibt es außer den uns schon bekannten Lösungen keine weiteren. Man bezeichnet deshalb ein solches System als eine **Integralbasis** oder ein **Fundamentalsystem** sowie (2.13) als **allgemeine Lösung** von (2.2). Sie hängt, wie wir bereits an früheren Beispielen sahen, von einer frei wählbaren Funktion Ω ab.

Im Fall $n = 2$ besteht eine Integralbasis aus einer einzigen speziellen Lösung, die man auch als ein **Hauptintegral** bezeichnet. Die Rangbedingung bedeutet, daß ihre partiellen Ableitungen 1. Ordnung nach den beiden unabhängigen Variablen in keinem Teilgebiet von G gleichzeitig identisch null sein dürfen, so daß ein Hauptintegral in keinem Teilgebiet von G konstant sein kann.

Beispiel 2.3: $yu_x - xu_y = 0$ (vgl. Beispiel 2.1) hat die allgemeine Lösung $u = \Omega(x^2 + y^2)$, denn $f(x, y) = x^2 + y^2$ ist ein Hauptintegral in $G = R^2$.

Beispiel 2.4: Die speziellen Lösungen $f_1(x, y, z) = y/x$ und $f_2(x, y, z) = z - (x^2 + y^2)/2$ bilden für $x > 0$ eine Integralbasis der Dgl. von Beispiel 2.2, denn ihre Funktionalmatrix

$$\frac{\partial(f_1, f_2)}{\partial(x, y, z)} = \begin{pmatrix} -y/x^2 & 1/x & 0 \\ -x & -y & 1 \end{pmatrix}$$

hat in jedem Punkt den Rang 2, weil die aus den letzten beiden Spalten gebildete Unterdeterminante überall von null verschieden ist. Also ist $u = \Omega(y/x, z - (x^2 + y^2)/2)$ die allgemeine Lösung dieser p. Dgl.

Offen ist noch das Problem der Existenz einer Integralbasis in einem Gebiet G. Auch dazu sei hier nur kurz vermerkt, daß nicht die Existenz einer für das ganze Gebiet gültigen Integralbasis bewiesen werden kann, sondern lediglich die Existenz einer solchen in einer gewissen Umgebung eines jeden Punktes aus G, falls die Koeffizienten $a_i(\mathbf{x})$ der Dgl. (2.2) in G stetige partielle Ableitungen 1. Ordnung nach allen Variablen x_i besitzen. Der Beweis beruht auf der Anwendung eines Existenz- und Eindeutigkeitssatzes für Systeme gewöhnlicher Dgln. (s. Bd. 7/1, Satz 3.1) auf das System (2.8) der charakteristischen Gleichungen. Insbesondere kann man zeigen: Ist $\mathbf{x} = \mathbf{x}(t, C_1, \ldots, C_{n-1})$ Lösung des Systems (2.8) unter der Anfangsbedingung $\mathbf{x}_0 = \mathbf{x}(0, C_1, \ldots, C_{n-1}) \in G$, so erhält man durch das am Anfang dieses Abschnitts angegebene Verfahren eine Integralbasis in einer Umgebung von $\mathbf{x}_0$. Allerdings ist dieses Verfahren praktisch zumeist nicht durchführbar.

Aufgaben:

2.4. Die Dgl. $u_x - u_y + u_z = 0$ hat folgende spezielle Lösungen: $f_1 = x + y$, $f_2 = y + z$, $\quad$ *
$f_3 = \sin(x + y)$, $f_4 = e^{x-z}$. Suchen Sie zwei aus, die keine Integralbasis bilden!

2.5. Geben Sie die allgemeinen Lösungen der Aufgaben 2.1. und 2.2. an! $\quad$ *

2.2. Die allgemeine lineare und quasilineare Differentialgleichung

Die allgemeine quasilineare Dgl. 1. Ordnung lautet

$$a_1(\mathbf{x}, u) u_{x_1} + \cdots + a_n(\mathbf{x}, u) u_{x_n} = d(\mathbf{x}, u), \tag{2.14}$$

wobei wir voraussetzen wollen, daß die $a_i(\mathbf{x}, u)$ und $d(\mathbf{x}, u)$ in einem Gebiet G des $\mathbf{x}, u$-Raumes stetige partielle Ableitungen 1. Ordnung nach den x_k und u besitzen, sowie in keinem Punkt von G gleichzeitig null sind.

Hängen die a_i nicht von u ab und ist $d(\mathbf{x}, u) = -c(\mathbf{x}) - b(\mathbf{x})\, u$, so liegt als Spezialfall die allgemeine lineare Dgl. (2.1) vor.

Statt der Dgl. (2.14) betrachten wir erst einmal die folgende Dgl. vom Typ (2.2) für eine Funktion $U(\mathbf{x}, u)$, deren Koeffizienten[1] aus (2.14) entnommen sind:

$$a_1(\mathbf{x}, u) U_{x_1} + \cdots + a_n(\mathbf{x}, u) U_{x_n} + d(\mathbf{x}, u) U_u = 0. \tag{2.15}$$

Dabei ist also u als $(n + 1)$-te unabhängige Variable aufzufassen. Wir wissen aus 2.1., wie man durch die Charakteristikenmethode Lösungen von (2.15) berechnen kann, und welche Gestalt die allgemeine Lösung besitzt. Es sei (in einem Teilgebiet $G' \subset G$)

$$U = F(\mathbf{x}, u) \quad \text{mit} \quad F_u(\mathbf{x}, u) \not\equiv 0 \quad \text{in } G'$$

eine Lösung von (2.15). Ist $F(\mathbf{x}_0, u_0) = 0$ und $F_u(\mathbf{x}_0, u_0) \neq 0$, so läßt sich

$$F(\mathbf{x}, u) = 0 \tag{2.16}$$

in einer Umgebung des Punktes $(\mathbf{x}_0, u_0)$ eindeutig nach u auflösen (s. Bd. 4, 3.7.1.):

$$u = f(\mathbf{x}). \tag{2.17}$$

Wir wollen nun beweisen, daß $f(\mathbf{x})$, zumindest in einer Umgebung von $(\mathbf{x}_0, u_0)$, eine Lösung von (2.14) ist.

Es ist in G'

$$a_1(\mathbf{x}, u) F_{x_1}(\mathbf{x}, u) + \cdots + a_n(\mathbf{x}, u) F_{x_n}(\mathbf{x}, u) + d(\mathbf{x}, u) F_u(\mathbf{x}, u) \equiv 0.$$

---

[1] Man beachte die Vorzeichen von d in (2.14) und (2.15).

Setzt man $u = f(\mathbf{x})$ in diese Identität ein, so erhält man

$$a_1(\mathbf{x}, f(\mathbf{x}))\, F_{x_1}(\mathbf{x}, f(\mathbf{x})) + \cdots + a_n(\mathbf{x}, f(\mathbf{x}))\, F_{x_n}(\mathbf{x}, f(\mathbf{x}))$$

$$+\, d(\mathbf{x}, f(\mathbf{x}))\, F_u(\mathbf{x}, f(\mathbf{x})) \equiv 0. \qquad (2.18)$$

Andererseits ist $F(\mathbf{x}, f(\mathbf{x})) \equiv 0$ in einer Umgebung von $(\mathbf{x}_0, u_0)$, und hieraus folgt durch Differentiation nach den x_i (s. Bd. 4, 3.7.4.)

$$F_{x_i}(\mathbf{x}, f(\mathbf{x})) = -F_u(\mathbf{x}, f(\mathbf{x})) f_{x_i}(\mathbf{x}) \quad (i = 1, 2, \ldots, n). \qquad (2.19)$$

Setzt man (2.19) in (2.18) ein und dividiert anschließend durch $-F_u$, so ergibt sich für eine Umgebung von $(\mathbf{x}_0, u_0)$

$$a_1(\mathbf{x}, f(\mathbf{x})) f_{x_1}(\mathbf{x}) + \cdots + a_n(\mathbf{x}, f(\mathbf{x})) f_{x_n}(\mathbf{x}) - d(\mathbf{x}, f(\mathbf{x})) \equiv 0,$$

und das bedeutet: $f(\mathbf{x})$ ist in einer Umgebung von $(\mathbf{x}_0, u_0)$ eine Lösung von (2.14).

Beispiel 2.5: $(1 - xu)\, u_x - (1 - uy)\, u_y = (y - x)\, u, \quad u = u(x, y).$
Dieser Dgl. wird zugeordnet die Dgl. vom Typ (2.2)

$$(1 - xu)\, U_x - (1 - uy)\, U_y + (y - x)\, u U_u = 0, \quad U = U(x, y, u),$$

der wiederum das charakteristische System

$$x'(t) = 1 - x(t)\, u(t), \quad y'(t) = -1 + u(t)\, y(t), \quad u'(t) = (y(t) - x(t))\, u(t)$$

zugeordnet ist. Offenbar ist $x'(t) + y'(t) - u'(t) = 0$, also $x(t) + y(t) - u(t) = C$, so daß $U = F_1(x, y, u) = x + y - u$ eine Lösung der zugeordneten Dgl. ist. Setzt man $F_1 = 0$ und löst nach u auf, so erhält man mit $u = f_1(x, y) = x + y$ eine Lösung der gegebenen Dgl. Multipliziert man die erste charakteristische Gleichung mit $y(t)$, die zweite mit $x(t)$ und addiert sie, so ergibt sich $x'(t) y(t) + x(t) y'(t) = y(t) - x(t)$. Die rechte Seite ist nach der dritten charakteristischen Gleichung gleich $u'(t)/u(t)$. Setzt man das ein und integriert, so bekommt man $U = F_2(x, y, u) = xy - \ln|u|$ als eine zweite Lösung der zugeordneten und hieraus $u = f_2(x, y) = e^{xy}$ bzw. $u = -e^{xy}$ als weitere Lösungen der gegebenen Dgl.

Man kann beweisen, daß es außer den Lösungen, die man mit dem beschriebenen Verfahren berechnen kann, keine weiteren Lösungen von (2.14) gibt. Bilden $F_1(\mathbf{x}, u)$, $\ldots, F_n(\mathbf{x}, u)$ eine Integralbasis von (2.15) und ist

$$U = \Omega(F_1(\mathbf{x}, u), \ldots, F_n(\mathbf{x}, u)) \qquad (2.20)$$

die allgemeine Lösung von (2.15), so kann man die **allgemeine Lösung** von (2.14) durch die Gleichung

$$\Omega(F_1(\mathbf{x}, u), \ldots, F_n(\mathbf{x}, u)) = 0 \qquad (2.21)$$

darstellen, und zwar in folgendem Sinn: Aus (2.21) kann man jede Lösung von (2.14) erhalten, wenn man Ω alle möglichen Funktionen durchlaufen läßt und jeweils (2.21) nach u auflöst.

Beispiel 2.6: Für das vorige Beispiel prüft man leicht nach (führen Sie das durch!), daß F_1 und F_2 eine Integralbasis der zugeordneten Dgl. bilden, deren allgemeine Lösung mithin $U = \Omega(x + y - u,\ xy - \ln|u|)$ ist. Alle Lösungen der gegebenen Dgl. lassen sich demnach aus den Gleichungen $\Omega = 0$ durch Auflösung nach u berechnen. Für $\Omega(U_1, U_2) = U_1 + e^{-U_2}$ erhält man z.B. aus $x + y - u + e^{-xy + \ln|u|} = 0$ für $u > 0$ die weitere spezielle Lösung

$$u = \frac{x + y}{1 - e^{-xy}}.$$

Aufgaben: Bestimmen Sie die allgemeinen Lösungen von

2.6.　　　$(x + y)\, u_x + y u_y = u$;

2.7.　　　$u u_x + u u_y = x + y$!

Man kann das charakteristische System

$$x_1'(t) = a_1(\mathbf{x}(t), u(t)), \ldots, x_n'(t) = a_n(\ldots), u'(t) = d(\ldots) \tag{2.22}$$

der Dgl. (2.15) auch als unmittelbar der Dgl. (2.14) zugeordnet betrachten.

Definition 2.4: *Das System* (2.22) *heißt* **charakteristisches System** *der quasilinearen* D.2.4
Dgl. (2.14). *Jede Lösung*

$$x_1 = x_1(t), \ldots, x_n = x_n(t), u = u(t) \tag{2.23}$$

heißt eine **Charakteristik** *und deren Projektion*

$$x_1 = x_1(t), \ldots, x_n = x_n(t), u = 0 \tag{2.24}$$

in den **x**-*Raum eine* **Grundcharakteristik** *der Dgl.* (2.14).

Prüfen Sie nach, daß diese Begriffe mit denen der Definitionen 2.2 und 2.3 übereinstimmen, wenn (2.14) die spezielle Gestalt (2.2) besitzt!

Da u längs einer Charakteristik nicht mehr konstant sein muß ($u = u(t)$), sind im Fall $n = 2$ die Charakteristiken im allgemeinen keine Höhenlinien der Integralflächen mehr, aber man kann sich leicht überlegen, daß unser Lösungsverfahren auf demselben Prinzip basiert wie bei der verkürzten homogenen Gleichung: Eine Funktion $f(x, y)$ mit stetigen partiellen Ableitungen 1. Ordnung ist genau dann eine Lösung der Dgl. $a_1(x, y, u)\, u_x + a_2(x, y, u)\, u_y = d(x, y, u)$, wenn ihre Fläche von Charakteristiken (2.23) aufgespannt wird, d. h., $u = f(x, y)$ ist Lösung, wenn die Gleichung $u(t) = f(x(t), y(t))$ identisch in t erfüllt ist.

2.3.　　Das Cauchysche Anfangswertproblem

Wir wenden uns jetzt der Frage zu, welche zusätzlichen Bedingungen gestellt werden können, damit es unter allen Lösungen einer quasilinearen Dgl. (2.14) genau eine gibt, die diese Zusatzbedingungen erfüllt.

Beispiel 2.7: Die Lösungen $u = f(x^2 + y^2)$ der Dgl. $y u_x - x u_y = 0$ (vgl. Beispiel 2.1) sind Rotationsflächen um die u-Achse. Offenbar ist eine solche Fläche eindeutig bestimmt, wenn man einen ihrer Meridiane vorgibt, durch dessen Rotation um die u-Achse die Fläche erzeugt wird. Bei Vorgabe eines Breitenkreises erhält man keine eindeutig bestimmte Fläche, denn man kann sich leicht beliebig viele Rotationsflächen vorstellen, auf denen der vorgegebene Breitenkreis liegt. Jeder Kreiszylinder mit der u-Achse als Symmetrieachse ist ebenfalls eine Rotationsfläche, aber nicht Lösung der Dgl., denn er läßt sich nicht durch eine Funktion $u = f(x^2 + y^2)$ beschreiben. Denkt man sich eine beliebige Kurve l auf einem solchen Zylinder (z. B. eine Spirale), so spannen die durch sie hindurchgehenden Charakteristiken (Kreise) eben diesen Zylinder auf, so daß es keine Lösung der Dgl. gibt, auf deren Fläche l liegt. Wir merken noch an, daß die Projektion λ einer solchen Spirale in die x,y-Ebene eine Grundcharakteristik der Dgl. ist.

Die an diesem Beispiel aufgezeigten Möglichkeiten sind typisch für Anfangswertaufgaben bei linearen oder quasilinearen Dgln. 1. Ordnung. Bleiben wir aus Gründen

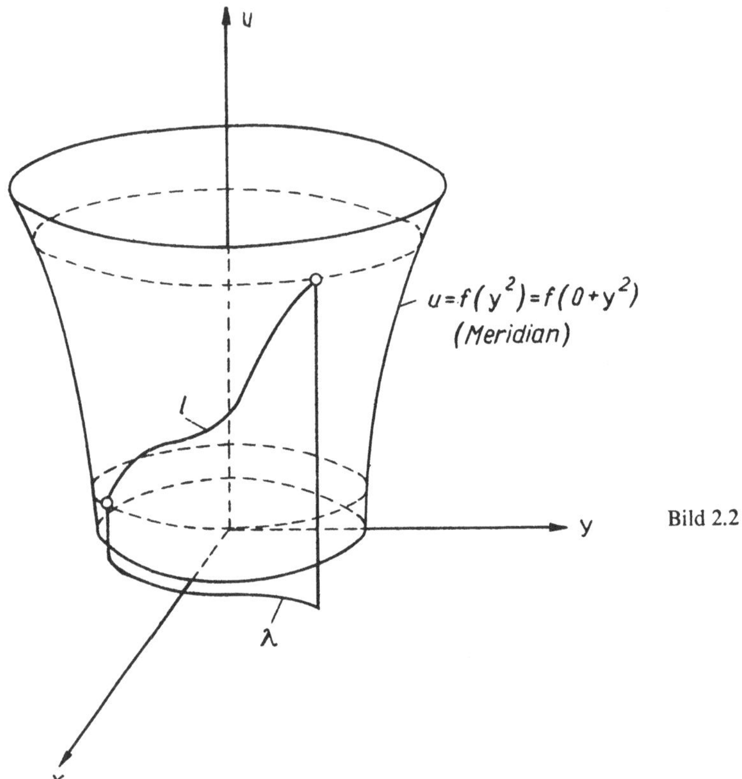

der Anschaulichkeit vorerst beim Fall zweier unabhängiger Variabler. Um eine eindeutige Lösung der Dgl.

$$a_1(x, y, u)\, u_x + a_2(x, y, u)\, u_y = d(x, y, u)$$

(2.25)

zu erhalten, kann man eine Kurve l im x, y, u-Raum vorgeben und verlangen, daß l auf der Fläche der gesuchten Lösung liegt. Kurz gesagt: Die Lösung soll durch l gehen. Mit λ bezeichnen wir die Projektion von l in die x, y-Ebene. Dann kann man, unter der zusätzlichen Voraussetzung, daß a_1, a_2, d in einem l enthaltenden Gebiet stetige partielle Ableitungen 1. Ordnung nach x, y, u besitzen, folgendes beweisen:

I. Berührt λ keine Grundcharakteristik, so gibt es genau eine Lösung durch l.

II. Ist l selbst eine Charakteristik, so gibt es unendlich viele Lösungen durch l.

III. Ist l keine Charakteristik, aber fällt λ mit einer Grundcharakteristik zusammen, so gibt es keine Lösung durch l.

Machen Sie sich das am Beispiel 2.7. klar!

Mit den Fällen I. bis III. sind nicht alle Möglichkeiten erschöpft, insbesondere sind Kurven l vorstellbar, bei denen von Stück zu Stück verschiedene der Fälle I. bis III. auftreten können. Wir wollen uns aber nicht näher mit theoretischen Einzelheiten beschäftigen, sondern praktische Verfahren zur Lösung des Anfangswertproblems kennenlernen.

Die Anfangskurve l sei in Parameterdarstellung gegeben

$$x = x_0(s),\ y = y_0(s),\ u = u_0(s)\ \ (\alpha < s < \beta). \tag{2.26}$$

Kennt man die allgemeine Lösung (vgl. (2.21)!)

$$\Omega(F_1(x, y, u),\ F_2(x, y, u)) = 0 \tag{2.27}$$

von (2.25), so muß, damit l auf der zugehörigen Fläche liegt,

$$\Omega(F_1(x_0(s), y_0(s), u_0(s)),\ F_2(x_0(s), y_0(s), u_0(s))) \equiv 0 \tag{2.28}$$

für $\alpha < s < \beta$ sein. Die frei wählbare Funktion $\Omega(z_1, z_2)$ ist demnach so zu bestimmen, daß (2.28) gilt. Hat man Ω gefunden, löst man (2.27) nach u auf und erhält die gesuchte Lösung. Allerdings kann es einfacher sein, sofort die durch l gehende Charakteristikenschar und die von ihr aufgespannte Fläche zu bestimmen, indem man das charakteristische System von (2.25) unter der Anfangsbedingung

$$x(0) = x_0(s),\ y(0) = y_0(s),\ u(0) = u_0(s)$$

löst. Die durch l gehende Charakteristikenschar besitzt dann die Darstellung

$$x = x(t, s),\ y = y(t, s),\ u = u(t, s) \tag{2.29}$$

mit s als Scharparameter (für jeden festen Wert s ist das die Parameterdarstellung derjenigen Charakteristik, die durch den Punkt $(x_0(s), y_0(s), u_0(s))$ auf l geht). Löst man die ersten beiden Gleichungen nach s und t auf und setzt die Lösungen $s(x, y)$ und $t(x, y)$ in die dritte Gleichung ein, so ist die Funktion

$$u = u(t(x, y), s(x, y)) = u(x, y)$$

die gesuchte Lösung.

Überlegen Sie sich, daß im Spezialfall der verkürzten homogenen Dgl. (2.3) $u(t, s) = u_0(s)$ ist, so daß man mittels der ersten beiden Gleichungen (2.29) nur s durch x, y ausdrücken muß.

Beispiel 2.8: $(1 + x)\, u_x - (1 + y)\, u_y = y - x.$

l: Parabel $u = x^2$ über der Geraden $y = x$ mit der Parameterdarstellung

$$x_0 = y_0 = s,\ u_0 = s^2.$$

Charakteristisches System: $x' = 1 + x,\ y' = -1 - y,\ u' = y - x.$ Allgemeine Lösung des charakteristischen Systems:

$$x = C_1 \mathrm{e}^t - 1,\quad y = C_2 \mathrm{e}^{-t} - 1,\quad u = C_3 - C_1 \mathrm{e}^t - C_2 \mathrm{e}^{-t}.$$

Allgemeine Lösung der Dgl.: $\Omega((x + 1)(y + 1),\ x + y + u) = 0.$ (Prüfen Sie das nach!)

1. V a r i a n t e :

Einsetzen der Anfangsbedingung: $\Omega((s + 1)^2,\ (s + 1)^2 - 1) \equiv 0.$
Daraus folgt: $\Omega(z_1, z_2) \equiv 0$ genau dann, wenn $z_2 = z_1 - 1$, bzw. $\Omega(F_1, F_2) = 0 \Leftrightarrow F_2 = F_1 - 1$ $\Leftrightarrow u = xy.$

Machen Sie die Probe, daß $u = xy$ Lösung des Anfangswertproblems ist!

2. V a r i a n t e :

Anpassung der allgemeinen Lösung des charakteristischen Systems an die Anfangsbedingung:

$$x(0) = C_1 - 1 = s,\quad y(0) = C_2 - 1 = s,\quad u(0) = C_3 - C_1 - C_2 = s^2.$$

Charakteristikenschar durch l:

$$x = (s + 1)\mathrm{e}^t - 1,\quad y = (s + 1)\mathrm{e}^{-t} - 1,\quad u = (s + 1)^2 + 1 - (s + 1)(\mathrm{e}^t + \mathrm{e}^{-t}).$$

Aus den ersten beiden Gleichungen folgt:

$$(x + 1)(y + 1) = (s + 1)^2, \quad x + 1 + y + 1 = (s + 1)(e^t + e^{-t}).$$

Einsetzen in die Darstellung von u:

$$u = (x + 1)(y + 1) + 1 - (x + 1 + y + 1) = xy.$$

Wie im letzten Beispiel ist es nicht immer erforderlich, s und t explizit durch x und y auszudrücken, was in vielen Fällen Näherungsmethoden erfordert. Wichtig ist nur, daß man u als Funktion von x und y erhält.

Ist l eine Charakteristik, so erhält man bei der Anpassung der allgemeinen Lösung des charakteristischen Systems an die Anfangsbedingung keine Charakteristikenschar, sondern nur wieder die einzige Charakteristik l. Das beschriebene Lösungsverfahren versagt auch, wenn zwar l keine Charakteristik ist, aber ihre Projektion λ mit einer Grundcharakteristik zusammenfällt. Auf eine detaillierte theoretische Untersuchung des Anfangswertproblems wollen wir verzichten, aber wenigstens sei darauf hingewiesen, daß man eine eindeutige Lösung im allgemeinen nicht global, sondern nur für „genügend kleine" Anfangskurven l und auch nur in einer hinreichend kleinen Umgebung von l erhalten kann. Das ist darauf zurückzuführen, daß die Existenz einer Charakteristikenschar durch l nur für gewisse Umgebungen von l nachgewiesen werden kann und daß andererseits die Auflösung der Gleichungen $x = x(t, s)$, $y = y(t, s)$ im allgemeinen nur lokal eindeutig möglich ist.[1]

Die Vorgabe von l kann aufgefaßt werden als Vorgabe der Werte der gesuchten Funktion u längs der Projektion λ. Im Fall dreier unabhängiger Variabler x, y, z können die Werte der gesuchten Funktion $u(x, y, z)$ auf einer Fläche im x, y, z-Raum vorgeschrieben werden, z. B. durch eine Parameterdarstellung

$$x = x_0(s_1, s_2), \, y = y_0(s_1, s_2), \, z = z_0(s_1, s_2), \, u = u_0(s_1, s_2). \tag{2.30}$$

(Mit $x = s_1$, $y = s_2$ ist $z = z_0(x, y)$ die Gleichung der Fläche, und $u = u_0(x, y)$ gibt die Werte der gesuchten Funktion auf dieser Fläche an.) Löst man das charakteristische System unter der Anfangsbedingung (2.30), so erhält man, falls das Problem eine eindeutige Lösung besitzt, eine zweiparametrige Charakteristikenschar

$$x = x(t, s_1, s_2), \, y = y(t, s_1, s_2), \, z = z(t, s_1, s_2), \, u = u(t, s_1, s_2),$$

deren erste drei Gleichungen nach t, s_1, s_2 aufzulösen sind. Setzt man die gefundenen Ausdrücke in die vierte Gleichung ein, so erhält man die Lösung des Anfangswertproblems, falls eine solche existiert und eindeutig bestimmt ist.

Beispiel 2.9: $u_x + u_y + u_z = u.$

Anfangsbedingung: $x_0 = s_1 + s_2, y_0 = s_1 - s_2, z_0 = 1, u_0 = s_1 s_2.$

Allgemeine Lösung des charakteristischen Systems:

$$x = t + C_1, y = t + C_2, z = t + C_3, u = C_4 e^t.$$

Durch Einsetzen der Anfangsbedingungen erhält man:

$$C_1 = s_1 + s_2, C_2 = s_1 - s_2, C_3 = 1, C_4 = s_1 s_2.$$

Charakteristikenschar durch Anfangsmannigfaltigkeit:

$$x = t + s_1 + s_2, y = t + s_1 - s_2, z = t + 1, u = s_1 s_2 e^t.$$

---

[1] Das heißt, zu einem Punkt (x_0, y_0) mit $x_0 = x(0, s_0)$ und $y_0 = (0, s_0)$ der Anfangskurve l gibt es eine Umgebung, in der die Auflösung umkehrbar eindeutig möglich ist (vgl. Band 4, Satz 3.15). Selbst wenn für alle Punkte von l lokale Auflösbarkeit besteht, braucht die Auflösung insgesamt (global) nicht umkehrbar eindeutig zu sein.

Auflösung der drei ersten Gleichungen nach t, s_1, s_2:

$$s_1 = \tfrac{1}{2}(x + y - 2z + 2), \quad s_2 = \tfrac{1}{2}(x - y), \quad t = z - 1.$$

Einsetzen in die Gleichung für u:

$$u = \tfrac{1}{4}(x + y - 2z + 2)(x - y)\,\mathrm{e}^{z-1}.$$

Aufgaben: Berechnen Sie die Lösungen der folgenden Anfangswertprobleme:

2.8. $\quad 2yu_x - u_y = 0, \quad x_0 = s^2, \quad y_0 = s, \quad u_0 = \mathrm{e}^{2s^2}$;

2.9. $\quad u_x + 2yu_y = 2\mathrm{e}^{-u}(x - y), \quad u = 0 \quad$ für $\quad y = x^2 - 1$;

2.10. $\quad u_x - yu_y - u_z = u, \quad u(x, y, x + \ln y) = 1$!

Bei n unabhängigen Variablen können die Werte der gesuchten Funktion u auf einer $(n - 1)$-dimensionalen Mannigfaltigkeit vorgegeben werden:

$$x_i = x_i^0(s_1, \ldots, s_{n-1}) \quad (i = 1, \ldots, n), \quad u = u^0(s_1, \ldots, s_{n-1}).$$

Lösungsverfahren, Existenz- und Eindeutigkeitssätze sind analog denen für $n = 2$ bzw. $n = 3$.

2.4. Nichtlineare Differentialgleichungen 1. Ordnung

Wir beschränken uns auf die Beschreibung des Lösungsweges für den Fall zweier unabhängiger Variabler, also einer Dgl.

$$F(x, y, u, u_x, u_y) = 0, \tag{2.31}$$

und beginnen mit der Erläuterung der dafür unentbehrlichen Begriffe. Dabei werden wir uns von anschaulichen Vorstellungen leiten lassen und auf eine genaue Abgrenzung des Gültigkeitsbereichs durch exakte Voraussetzungen ebenso verzichten wie auf eine mathematisch einwandfreie Begründung der erforderlichen Rechenschritte.

Bekanntlich bestimmen fünf Zahlen x_0, y_0, u_0, p_0, q_0 eine Ebene

$$u = u_0 + p_0(x - x_0) + q_0(y - y_0) \tag{2.32}$$

durch den Punkt (x_0, y_0, u_0).[1]) Liegt dieser Punkt auf einer Fläche $u = f(x, y)$ und ist $p_0 = f_x(x_0, y_0)$, $q_0 = f_y(x_0, y_0)$, so ist diese Ebene Tangentialebene an die Fläche im betreffenden Punkt. Läßt man den Punkt auf der Fläche laufen, so daß er eine Kurve K mit der Parameterdarstellung

$$x = x_0(t), \quad y = y_0(t), \quad u = u_0(t) = f(x_0(t), y_0(t)) \tag{2.33}$$

beschreibt, und denkt man sich in eng benachbarten Punkten von K je ein kleines Stück der Tangentialebene angeheftet (man bezeichnet es in Analogie zu einem *Linienelement* an eine Kurve als *Flächenelement*), so kann man sich das dabei entstehende Gebilde in etwa als einen *Streifen* veranschaulichen, der längs K die Fläche um so genauer approximiert, je enger die Berührungspunkte auf K liegen und je kleiner die daran angehefteten Flächenelemente sind. Die Richtungskoeffizienten $p_0(t) = f_x(x_0(t), y_0(t))$, $q_0(t) = f_y(x_0(t), y_0(t))$ der Flächenelemente erfüllen längs K identisch die Gleichung

$$x_0'(t)\,p_0(t) + y_0'(t)\,q_0(t) = u_0'(t),$$

die man durch Differentiation der dritten Gleichung (2.33) nach t erhält.

---

[1]) Man vgl. Gleichung einer Ebene in vektorieller Schreibweise (Bd. 13, 2.3.7.6.): $\mathbf{n}(\mathbf{r} - \mathbf{r}_0) = 0$. Hier ist $\mathbf{n} = (p_0, q_0, -1)$, $\mathbf{r} = (x, y, u)$, $\mathbf{r}_0 = (x_0, y_0, u_0)$.

D.2.5 **Definition 2.5:** *Die Gesamtheit von fünf Funktionen*

$$x = x(t), y = y(t), u = u(t), p = p(t), q = q(t) \quad (\alpha < t < \beta)$$

heißt ein **Streifen,** *wenn sie in* $\alpha < t < \beta$ *stetig differenzierbar sind und die* **Streifenbedingung**

$$x'(t)\,p(t) + y'(t)\,q(t) = u'(t) \tag{2.34}$$

identisch in t erfüllen. Durch die ersten drei Funktionen wird die **Trägerkurve** *des Streifens dargestellt.*

Bemerkung: Die Definition bezieht sich nicht auf eine Fläche.

* *Aufgabe 2.11:* Prüfen Sie, ob

$$x = t, y = \sin t, u = t, p = \sin^2 t, q = \cos t$$

einen Streifen bilden!

    Das Lösungsprinzip für (2.31) läßt sich nun kurz so umreißen: Wie bei einer quasilinearen Dgl. jede Lösung durch Charakteristiken aufgespannt wird, so konstruieren wir jetzt Lösungen, die aus geeigneten Streifen aufgebaut sind. Diese Streifen erhält man durch Lösung eines Systems gewöhnlicher Dgln. 1. Ordnung, also ebenso wie die Charakteristiken einer quasilinearen Dgl.

D.2.6 **Definition 2.6:** *Das System gewöhnlicher Dgln. 1. Ordnung*

$$x'(t) = F_p, \; y'(t) = F_q, \; u'(t) = p(t)\,F_p + q(t)\,F_q, \tag{2.35}$$

$$p'(t) = -F_x - p(t)\,F_u, \; q'(t) = -F_y - q(t)\,F_u$$

mit $F = F(x(t), y(t), u(t), p(t), q(t))$ *heißt* **charakteristisches System,** *jede Lösung*

$$x = x(t), y = y(t), u = u(t), p = p(t), q = q(t) \tag{2.36}$$

dieses Systems heißt ein **charakteristischer Streifen,** *die Trägerkurve heißt* **Charakteristik** *und ihre Projektion in die x,y-Ebene eine* **Grundcharakteristik** *der Dgl. (2.31).*

Bemerkungen: 1. Zur Aufstellung von (2.35) hat man auf der linken Seite von (2.31) u_x und u_y formal durch p und q zu ersetzen, die partiellen Ableitungen 1. Ordnung nach x, y, u, p, q zu bilden und in ihnen die Variablen als Funktionen eines Parameters t zu betrachten, die aus (2.35) zu berechnen sind.
2. Ersetzt man in der dritten Gleichung (2.35) F_p und F_q durch die linken Seiten der ersten beiden Gleichungen, so erhält man gerade die Streifenbedingung (2.34), so daß der Begriff Streifen für (2.36) berechtigt ist.
3. Ist (2.31) speziell eine quasilineare Dgl. (2.25), so ist $F_p = a_1(x, y, u)$, $F_q = a_2(x,y,u)$ und $pF_p + qF_q = d(x, y, u)$. Also stimmen die ersten drei Gleichungen (2.35) mit dem charakteristischen System überein, wie es einer quasilinearen Dgl. nach Definition 2.4 zugeordnet ist. Folglich stimmen in diesem Spezialfall auch die Charakteristikenbegriffe der Definitionen 2.4 und 2.6 überein, Die letzten beiden Gleichungen (2.35) erweisen sich als überflüssig.
4. Längs jedes charakteristischen Streifens ist $F = $ const; denn aus (2.35) folgt $\dfrac{d}{dt}F(x(t), ..., q(t)) \equiv 0$. Rechnen Sie das nach!

D.2.7 **Definition 2.7:** *Ein beliebiger Streifen heißt ein* **Integralstreifen** *von (2.31), wenn längs dieses Streifens* $F \equiv 0$ *ist.*

Bemerkung: Ein Integralstreifen braucht kein charakteristischer Streifen zu sein. Offenbar gilt auch das Umgekehrte.

Das Problem, durch eine vorgegebene Kurve

$$x = x_0(s),\ y = y_0(s),\ u = u_0(s)$$

eine Lösung von (2.31) zu legen, kann nun wie folgt gelöst werden:

1. Schritt: Die vorgegebene Kurve ergänzt man zu einem Integralstreifen, indem man die dazu noch erforderlichen Funktionen $p_0(s)$, $q_0(s)$ aus der Streifenbedingung $u_0'(s) = p_0(s)\,x_0'(s) + q_0(s)\,y_0'(s)$ und der Integralstreifenbedingung $F(x_0(s), ..., q_0(s)) = 0$ berechnet. Diese beiden Gleichungen können mehrere Lösungen $p_0(s)$, $q_0(s)$ besitzen, so daß die vorgegebene Kurve Trägerkurve mehrerer Integralstreifen sein kann. Man hat sich dann zunächst für einen zu entscheiden, falls nicht schon von vornherein einer vorgegeben ist.

2. Schritt: Man löst das System (2.35) unter der durch den Anfangsintegralstreifen vorgegebenen Anfangsbedingung. (Man erhält dabei charakteristische Streifen, für die $F = 0$ ist, die also gleichzeitig Integralstreifen sind.) Die Lösung sei

$$x = x(t, s),\ y = y(t, s),\ u = u(t, s),\ p = p(t, s),\ q = q(t, s). \tag{2.37}$$

3. Schritt: Mittels der ersten beiden Gleichungen (2.37) stellt man u in Abhängigkeit von x und y dar. Die erhaltene Funktion $u = u(x, y)$ ist eine Lösung unseres Problems.

Bemerkung: Über die Existenz und Eindeutigkeit von Lösungen durch einen Anfangsintegralstreifen gibt es analoge Sätze wie im Spezialfall der quasilinearen Dgl., worauf aber hier nicht näher eingegangen werden kann.

Beispiel 2.10: $x^2 - u + u_x u_y - u_y^2 = 0;\quad x_0 = y_0 = s,\ u_0 = s^2.$

1. Ergänzung der Anfangskurve zu einem Integralstreifen:

$$F(x, y, u, p, q) = x^2 - u + pq - q^2;$$

$$F(x_0, ..., q_0) = 0 \Leftrightarrow q_0(p_0 - q_0) = 0.$$

$$x_0' p_0 + y_0' q_0 = u_0' \Leftrightarrow p_0 + q_0 = 2s.$$

Man erhält zwei Integralstreifen durch die Anfangskurve:

I: $x_0 = y_0 = s,\ u_0 = s^2,\ p_0 = q_0 = s.$

II: $x_0 = y_0 = s,\ u_0 = s^2,\ p_0 = 2s,\ q_0 = 0.$

2. Bestimmung der charakteristischen Streifen durch I:

Charakteristisches System:

$$x' = q,\ y' = p - 2q,\ u' = 2q(p - q),\ p' = -2x + p,\ q' = q.$$

Unter Berücksichtigung der Anfangsbedingungen löst man zuerst die letzte Gleichung, dann die erste, die vierte, die zweite und zuletzt die dritte Gleichung, und erhält in dieser Reihenfolge (führen Sie das aus!):

$$q = se^t,\ x = se^t,\ p = (1 - 2t)\,se^t,\ y = (1 - 2t)\,se^t,\ u = (1 - 2t)\,s^2 e^{2t}.$$

3. Darstellung von u in Abhängigkeit von x und y: Eine explizite Auflösung der Gleichungen $x = se^t$, $y = (1 - 2t)\, se^t$ nach s und t ist nicht erforderlich, denn man sieht, daß $u = xy$ ist. Somit ist $u = xy$ eine Lösung, deren Fläche durch die Anfangskurve geht (Probe!).

*   *Aufgabe 2.12:* Bestimmen Sie die Lösung durch den Anfangsstreifen II!

*   *Aufgabe 2.13:* Berechnen Sie die Lösungen der Dgl. $u_x - u_y{}^2 = 0$, die durch die Anfangskurve $x_0 = s$, $y_0 = s^2$, $u_0 = s^3$ gehen!

3. Partielle Differentialgleichungen 2. Ordnung

Für Dgln. zweiter oder höherer Ordnung gibt es weder einheitliche Lösungsverfahren noch eine umfassende Theorie wie für Dgln. 1. Ordnung. Da die in den Anwendungen auftretenden partiellen Dgln. meist von zweiter Ordnung und der Gestalt

$$\sum_{i,k=1}^{n} a_{ik}(\mathbf{x})\, u_{x_i x_k} + F(\mathbf{x}, u, u_{x_1}, u_{x_2}, \dots, u_{x_n}) = 0 \tag{3.1}$$

sind, betrachten wir solche Dgln., die in den Ableitungen 2. Ordnung linear sind. Sie sind spezielle quasilineare Dgln. und werden auch als **fastlineare** Dgln. bezeichnet. Die Dgln. (1.1) bis (1.4) sind sämtlich von dieser Gestalt. Die Dgln. (3.1) müssen noch klassifiziert werden, denn Lösungsverfahren, Eigenschaften der Lösungen und die Möglichkeiten bei der Vorgabe von Nebenbedingungen (um eine eindeutige Lösung zu erhalten) hängen in gewisser Weise von den a_{ik} ab.

Voraussetzen wollen wir im folgenden, daß die a_{ik} in einem Gebiet stetige partielle Ableitungen 1. Ordnung besitzen und in keinem Punkt gleichzeitig null sind. Den Lösungsbegriff der Def. 1.2 schränken wir aus praktischen Gründen noch dahingehend ein, daß wir nur Lösungen mit stetigen partiellen Ableitungen 1. und 2. Ordnung betrachten. Für sie gilt $u_{x_i x_k} = u_{x_k x_i}$, so daß wir zusätzlich $a_{ik} = a_{ki}$ voraussetzen können.

3.1. Klassifikation

Es gibt vier Typen von Dgln. 2. Ordnung. Zu ihrer Unterscheidung ordnet man (3.1) formal die symmetrische quadratische Form (s. Bd. 13, 4.1.)

$$Q(\xi_1, \xi_2, \dots, \xi_n) = \sum_{i,k=1}^{n} a_{ik}\xi_i\xi_k \tag{3.2}$$

zu. Man kann beweisen (s. Bd. 13, 4.2.8.): Für jeden festen Punkt aus G existiert eine Transformation $\xi_i = \sum_{k=1}^{n} c_{ik}\eta_k$ mit geeigneten Koeffizienten c_{ik}, die in (3.2) eingesetzt wieder eine quadratische Form

$$Q^*(\eta_1, \eta_2, \dots, \eta_n) = \sum_{i=1}^{n} \lambda_i\eta_i^2 \tag{3.3}$$

liefert, in der keine gemischten Produkte $\eta_i\eta_k\,(i \neq k)$ auftreten. Die Koeffizienten λ_i sind die Eigenwerte der aus den a_{ik} gebildeten symmetrischen Matrix und deshalb sämtlich reell.

Definition 3.1: *Eine Dgl.* (3.1) *heißt in einem Punkt*   D.3.1
elliptisch, *wenn alle* $\lambda_i \neq 0$ *sind und dasselbe Vorzeichen haben;*
hyperbolisch, *wenn alle* $\lambda_i \neq 0$ *sind und außer genau einem dasselbe Vorzeichen haben;*
ultrahyperbolisch, *wenn alle* $\lambda_i \neq 0$ *und mindestens je zwei positiv und negativ sind*[1]*);*
parabolisch, *wenn mindestens ein* $\lambda_i = 0$ *ist.*

Da die a_{ik} von $\mathbf{x}$ abhängen können, kann der Typ einer Dgl. in verschiedenen Punkten verschieden sein. Ist er in allen Punkten eines Gebiets derselbe, so sagt

---

[1]) Dieser Fall kann offenbar nur für $n \geq 4$ eintreten.

man, daß die Dgl. in diesem Gebiet von diesem Typ ist. Sind insbesondere alle a_{ik} konstant, was auf viele praktische Anwendungen zutrifft, so ist sie im ganzen **x**-Raum von demselben Typ.

Beispiel 3.1: Die Schwingungsgleichung (1.1) ist im ganzen x,t-Raum hyperbolisch, denn die ihr zugeordnete quadratische Form $Q\,(\xi_1,\xi_2) = \xi_1{}^2 - a^2\xi_2{}^2$ ist bereits von der Form (3.3) mit $\lambda_1 = 1$ und $\lambda_2 = -a^2$.

Beispiel 3.2: Die Wärmeleitungsgleichung (1.3) ist parabolisch im ganzen x, y, z, t-Raum, denn $Q(\xi_1,\xi_2,\xi_3,\xi_4) = a^2\xi_1{}^2 + a^2\xi_2{}^2 + a^2\xi_3{}^2 + 0\xi_4{}^2$ ist von der Gestalt (3.3) mit $\lambda_4 = 0$.

* *Aufgabe 3.1:* Prüfen Sie nach, daß auch die Dgln. (1.2) hyperbolisch sind!

* *Aufgabe 3.2:* Warum ist die Potentialgleichung $u_{xx} + u_{yy} + u_{zz} = 0$ im ganzen x,y,z-Raum elliptisch?

Für $n = 2$ schreiben wir (3.1) zur Vermeidung der Indizes

$$a(x, y)\, u_{xx} + 2b(x, y)\, u_{xy} + c(x, y)\, u_{yy} + F(x, y, u, u_x, u_y) = 0. \tag{3.4}$$

Ihr Typ ist leicht feststellbar, denn er hängt vom Vorzeichen des Ausdrucks

$$D(x, y) = b^2(x, y) - a(x, y)\, c(x, y) \tag{3.5}$$

wie folgt ab.

S.3.1 Satz 3.1: *Die Dgl. (3.4) ist in einem Punkt (x, y)*

$$\text{für } D(x, y) \begin{cases} < 0 & \textit{elliptisch,} \\ = 0 & \textit{parabolisch,} \\ > 0 & \textit{hyperbolisch.} \end{cases}$$

Beweis. Die (3.4) zugeordnete quadratische Form $a\xi_1{}^2 + 2b\xi_1\xi_2 + c\xi_2{}^2$ läßt sich in jedem Punkt auf $\lambda_1\eta_1{}^2 + \lambda_2\eta_2{}^2$ transformieren, wobei λ_1 und λ_2 die Eigenwerte der

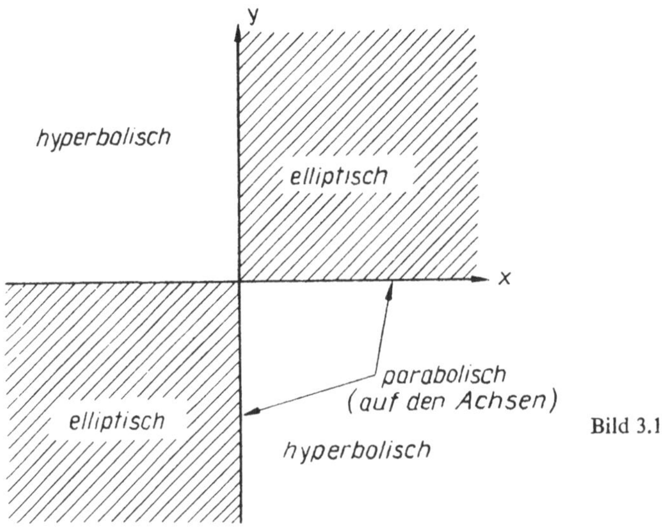

Bild 3.1

Matrix $\begin{pmatrix} a & b \\ b & c \end{pmatrix}$, also Lösungen von

$$\begin{vmatrix} a - \lambda & b \\ b & c - \lambda \end{vmatrix} = \lambda^2 - (a + c)\,\lambda - D = 0$$

sind. Nach den Vietaschen Wurzelsätzen ist $\lambda_1 \lambda_2 = -D$. Hieraus folgt schon (wie?) die Behauptung.

Bemerkung: Da a, b, c nach Voraussetzung stetige Funktionen von x, y sind, hängt auch $D(x, y)$ stetig von x, y ab. Ist (3.5) in einem Punkt elliptisch, so auch zumindest in einer hinreichend kleinen Umgebung dieses Punktes. Dasselbe gilt für den hyperbolischen, aber i. allg. nicht für den parabolischen Fall.

Beispiel 3.3: $yu_{xx} + 2yu_{xy} + (x + y)\,u_{yy} + F = 0$ ist wegen $D = y^2 - y(x + y) = -xy$ im ersten und dritten Quadranten der x,y-Ebene elliptisch, in den beiden anderen Quadranten hyperbolisch und auf den Koordinatenachsen parabolisch (vgl. Bild 3.1).

Ist (3.4) in einem Gebiet nicht von einem bestimmten Typ, so sagt man auch, sie sei in diesem Gebiet von **gemischtem Typ**.

Aufgabe 3.3: Bestimmen Sie den Typ der Dgln.

    a) $u_{xx} + 2xu_{xy} + yu_{yy} + u_x^2 - uu_y = 0$;

    b) $x^2 u_{xx} + 2xyu_{xy} + y^2 u_{yy} + u_x^2 - e^u = 0$!

3.2.   Cauchysches Problem und Normalformen im Fall $n = 2$

Um eine eindeutige Lösung zu erhalten, kann bei einer gewöhnlichen Dgl. 2. Ordnung der Wert der gesuchten Funktion und ihrer 1. Ableitung (Tangentenrichtung) in einem Punkt, bei einer quasilinearen Dgl. 1. Ordnung eine weitgehend beliebige Anfangskurve vorgegeben werden. Es ist deshalb zu vermuten, daß es eine eindeutige Lösung von (3.4) gibt, wenn man eine „zulässige" Anfangskurve l und in jedem ihrer Punkte die Richtung der Tangentialebene der durch l gehenden gesuchten Lösungsfläche, also einen Streifen (s. Def. 2.5) vorgibt (zur Vereinfachung nehmen wir als Parameter die unabhängige Variable x):

$$l:\ y = f(x),\ u(x, f(x)) = \bar{u}(x);\ u_x(x, f(x)) = p(x),\ u_y(x, f(x)) = q(x) \quad (3.6)$$

(mit $p(x) + f'(x)\,q(x) = \bar{u}'(x)$, vgl. (2.34)), wobei x ein gewisses Intervall J durchläuft, in dem $f, \bar{u}, p, q$ differenzierbar vorausgesetzt werden. Wenn eine Lösung dieses sogenannten **Cauchyschen Problems** existiert, müssen längs l sowohl (3.4), d. h.

$$a(x, f(x))\,u_{xx} + 2b(\dots)\,u_{xy} + c(\dots)\,u_{yy} = -F(x, f(x), \bar{u}(x), p(x), q(x)), \quad (3.7)$$

als auch die, aus den beiden letzten Gleichungen (3.6) durch Differentiation nach x sich ergebenden Gleichungen

$$u_{xx} + f'(x)\,u_{xy} \qquad\qquad = p'(x) \qquad\qquad\qquad (3.8)$$

$$u_{xy} + f'(x)\,u_{yy} = q'(x) \qquad\qquad\qquad (3.9)$$

für alle $x \in J$ erfüllt sein. Existiert sogar eine eindeutige Lösung, müssen sich aus dem linearen System der Gleichungen (3.7) bis (3.9) u_{xx}, u_{xy}, u_{yy} eindeutig berechnen lassen. Das ist bekanntlich genau dann der Fall, wenn die Koeffizientendeterminante für kein $x \in J$ verschwindet:

$$a(x, f(x))f'^2(x) - 2b(\ldots)f'(x) + c(\ldots) \neq 0 \quad \text{für alle } x \in J. \tag{3.10}$$

D.3.2 Definition 3.2: *Die gewöhnliche Dgl.*

$$a(x, y)\, y'^2 - 2b(x, y)\, y' + c(x, y) = 0 \tag{3.11}$$

heißt **charakteristische Gleichung** *und ihre Lösungen heißen* **Charakteristiken** *der p. Dgl. (3.4).*

Die Charakteristiken der p. Dgl. (3.4) sind demnach Kurven in der x, y-Ebene.

Das Ergebnis unserer obigen Überlegungen läßt sich damit folgendermaßen formulieren: Das Cauchysche Problem kann nur dann eindeutig lösbar sein, wenn die Projektion von l in die x,y-Ebene (die Kurve $y = f(x)$) in keinem Punkt eine Charakteristik der p. Dgl. (3.4) berührt.

Wir wollen nun, ohne auf die Frage der tatsächlichen Existenz und Eindeutigkeit einer Lösung des Cauchyschen Problems weiter einzugehen, uns der charakteristischen Gleichung (3.11) und deren Lösungen zuwenden. Es sei G ein Gebiet der x,y-Ebene, in dem a, b und c stetige partielle Ableitungen 1. Ordnung besitzen und (3.4) von einheitlichem Typ ist. Außerdem sei $a(x, y) \neq 0$ in G. Dann hat (3.11) als quadratische Gleichung in y' die beiden Lösungen

$$y'_1 = (b + \sqrt{D})/a \quad \text{und} \quad y'_2 = (b - \sqrt{D})/a \tag{3.12}$$

mit $D(x, y)$ wie in (3.5). Durch Anwendung eines bekannten Existenz- und Eindeutigkeitssatzes (Bd. 7/1, Satz 2.2) auf die gewöhnlichen expliziten Dgln. 1. Ordnung (3.12) gelangt man zu folgenden Aussagen.

Im *hyperbolischen Fall* $(D > 0)$ gibt es zwei Scharen von Charakteristiken

$$\varphi_1(x, y) = C_1 \quad \text{und} \quad \varphi_2(x, y) = C_2, \tag{3.13}$$

die G netzartig überdecken. Das heißt: Jeder Punkt von G ist Schnittpunkt genau zweier, zu verschiedenen Scharen gehörender Charakteristiken.

Im *parabolischen Fall* $(D = 0)$ geht durch jeden Punkt von G genau eine Charakteristik. Sie bilden eine Schar

$$\varphi(x, y) = C. \tag{3.14}$$

Im *elliptischen Fall* $(D < 0)$ gibt es keine (reellen) Charakteristiken.

Führt man im *hyperbolischen Fall* durch

$$\xi = \varphi_1(x, y), \quad \eta = \varphi_2(x, y) \tag{3.15}$$

für x, y neue Variable ξ, η ein, so geht wegen (3.13) das Netz der Charakteristiken von (3.4) in das Netz der achsenparallelen Geraden der ξ, η-Ebene über, die Funktion $u(x, y)$ in eine Funktion $\omega(\xi, \eta)$ und die p. Dgl. (3.4) in eine einfachere p. Dgl. vom hyperbolischen Typ der Gestalt

$$\omega_{\xi\eta} + \Phi(\xi, \eta, \omega, \omega_\xi, \omega_\eta) = 0, \tag{3.16}$$

die man als **hyperbolische Normalform** von (3.4) bezeichnet. Die Umrechnung von (3.4) in (3.16) zeigen wir nicht allgemein, sondern nur an Hand des nachfolgenden Beispiels 3.4.

Durch eine weitere Transformation

$$\alpha = \xi + \eta, \quad \beta = \xi - \eta \tag{3.17}$$

geht $\omega(\xi, \eta)$ in eine Funktion $\Omega(\alpha, \beta)$ über und wegen

$$\omega_\xi = \Omega_\alpha \alpha_\xi + \Omega_\beta \beta_\xi = \Omega_\alpha + \Omega_\beta,$$
$$\omega_{\xi\eta} = \Omega_{\alpha\alpha}\alpha_\eta + \Omega_{\alpha\beta}\beta_\eta + \Omega_{\beta\alpha}\alpha_\eta + \Omega_{\beta\beta}\beta_\eta = \Omega_{\alpha\alpha} - \Omega_{\beta\beta} \tag{3.18}$$

die p. Dgl. (3.16) in

$$\Omega_{\alpha\alpha} - \Omega_{\beta\beta} + \tilde{\Phi}(\alpha, \beta, \Omega, \Omega_\alpha, \Omega_\beta) = 0, \tag{3.19}$$

die man ebenfalls als eine Normalform des hyperbolischen Typs ansieht.

Beispiel 3.4: $y u_{xx} + (x + y) u_{xy} + x u_{yy} + u_x = 0$; $\quad G: x > y \quad$ oder $\quad x < y$. Dgl. ist hyperbolisch wegen $D(x, y) = \frac{1}{4}(x + y)^2 - xy = \frac{1}{4}(x - y)^2 > 0$; charakteristische Gleichung: $y y'^2 - (x + y) y' + x = (y y' - x)(y' - 1) = 0$; Charakteristiken durch Integration der Faktoren der char. Gleichung

$$y^2 - x^2 = C_1, \quad y - x = C_2;$$

Transformationsformeln: $\xi = y^2 - x^2, \eta = y - x$;

Auflösung nach x und y: $\xi = (y - x)(y + x) = \eta(y + x) \Rightarrow y + x = \dfrac{\xi}{\eta} \Rightarrow$

$$x = \frac{1}{2}\left(\frac{\xi}{\eta} - \eta\right), \quad y = \frac{1}{2}\left(\eta + \frac{\xi}{\eta}\right);$$

Transformation von u:

$$u(x, y) = u\left(\frac{1}{2}\left(\frac{\xi}{\eta} - \eta\right), \ \frac{1}{2}\left(\frac{\xi}{\eta} + \eta\right)\right) = \omega(\xi, \eta) = \omega(y^2 - x^2, y - x).$$

Bevor man die Dgl. transformiert, ist es zweckmäßig, sich die partiellen Ableitungen von ξ und η nach x und y aufzuschreiben:

$$\xi_x = -2x, \eta_x = -1, \xi_y = 2y, \eta_y = 1,$$
$$u_x = \omega_\xi(-2x) + \omega_\eta(-1) = -2x\omega_\xi - \omega_\eta, u_y = 2y\omega_\xi + \omega_\eta,$$
$$u_{xx} = -2\omega_\xi - 2x[\omega_{\xi\xi}(-2x) + \omega_{\xi\eta}(-1)] - [\omega_{\eta\xi}(-2x) + \omega_{\eta\eta}(-1)]$$
$$= 4x^2\omega_{\xi\xi} + 4x\omega_{\xi\eta} + \omega_{\eta\eta} - 2\omega_\xi,$$
$$u_{xy} = -[4xy\omega_{\xi\xi} + 2(x + y)\omega_{\xi\eta} + \omega_{\eta\eta}],$$
$$u_{yy} = 4y^2\omega_{\xi\xi} + 4y\omega_{\xi\eta} + \omega_{\eta\eta} + 2\omega_\xi;$$

Einsetzen in die Ausgangsdgl. (führen Sie die Rechnung aus!):

$$-2\eta^2\omega_{\xi\eta} - \left(\eta + \frac{\xi}{\eta}\right)\omega_\xi - \omega_\eta = 0;$$

Division durch $-2\eta^2$ ($\eta \neq 0$ wegen $y \neq x$) liefert die erste hyperbolische Normalform:

$$\omega_{\xi\eta} + \frac{1}{2\eta^3}(\eta^2 + \xi)\omega_\xi + \frac{1}{2\eta^2}\omega_\eta = 0.$$

Im *parabolischen Fall* kann man sich zu der Funktion $\varphi(x, y)$ aus (3.14) irgendeine andere Funktion $\psi(x, y)$ mit stetigen partiellen Ableitungen in G unter der einzigen Bedingung (sie sichert die lokale Eindeutigkeit der nachfolgenden Abbildung (3.21), s. Bd. 4, 3.8.1.)

$$\varphi_x\psi_y - \varphi_y\psi_x \neq 0 \quad \text{in } G \tag{3.20}$$

wählen (oft ist $\psi(x, y) = x$ oder $\psi(x, y) = y$ möglich) und durch die Transformation

$$\xi = \psi(x, y), \quad \eta = \varphi(x, y) \tag{3.21}$$

die Charakteristiken von (3.4) in Parallelen zur ξ-Achse, $u(x, y)$ in $\omega(\xi, \eta)$ und (3.4) in die **parabolische Normalform**

$$\omega_{\xi\xi} + \Phi(\xi, \eta, \omega, \omega_\xi, \omega_\eta) = 0 \qquad (3.22)$$

überführen. Das folgende Beispiel möge das belegen.

Beispiel 3.5: $x^2 u_{xx} + 2xy u_{xy} + y^2 u_{yy} + x^2 u_x + xy u_y = 0$, $G: x > 0$. Die Dgl. ist parabolisch (s. Aufgabe 3.3b).

Charakteristische Gleichung: $x^2 y'^2 - 2xy y' + y^2 = 0 \Leftrightarrow xy' - y = 0$;

Charakteristiken: $C = y/x$;

Transformationsformeln: $\eta = y/x$, frei gewählt $\xi = x$;

$$\xi_x = 1, \eta_x = -y/x^2, \xi_y = 0, \eta_y = 1/x;$$

Nachprüfung von (3.20): $\xi_x \eta_y - \xi_y \eta_x = 1/x \neq 0$;

Umkehrtransformation: $x = \xi$, $y = \xi\eta$;

Transformation von u und ihren partiellen Ableitungen:

$$u = u(\xi, \xi\eta) = \omega(\xi, \eta) = \omega(x, y/x), u_x = \omega_\xi + \omega_\eta(-y/x^2), u_y = \omega_\eta(1/x),$$

$$u_{xx} = \omega_{\xi\xi} - (2y/x^2) \omega_{\xi\eta} + (y^2/x^4) \omega_{\eta\eta} + (2y/x^3) \omega_\eta, u_{yy} = (1/x^2) \omega_{\eta\eta},$$

$$u_{xy} = (1/x) \omega_{\xi\eta} - (y/x^3) \omega_{\eta\eta} - (1/x^2) \omega_\eta;$$

Einsetzen in die Dgl.: $x^2 \omega_{\xi\xi} + x^2 \omega_\xi = 0$;

Normalform: $\omega_{\xi\xi} + \omega_\xi = 0$.

Im *elliptischen Fall* gibt es zwar keine (reellen) Charakteristiken, aber man kann (3.4) unter gewissen Voraussetzungen ebenfalls in die **elliptische Normalform**

$$\omega_{\xi\xi} + \omega_{\eta\eta} + \Phi(\xi, \eta, \omega, \omega_\xi, \omega_\eta) = 0 \qquad (3.23)$$

transformieren. Zu diesem Zweck berechnet man die (zueinander konjugiert komplexen) Lösungen

$$\varphi(x, y) + i\psi(x, y) = C_1, \quad \varphi(x, y) - i\psi(x, y) = C_2 \qquad (3.24)$$

der Gleichungen (3.12) und setzt

$$\xi = \varphi(x, y), \quad \eta = \psi(x, y). \qquad (3.25)$$

Die weitere Rechnung ist völlig analog zum hyperbolischen Fall. Die erwähnten einschränkenden Voraussetzungen, auf die wir hier nicht näher eingehen wollen, sichern die Existenz der Lösungen (3.24) und sind bei praktischen Problemen i. allg. erfüllt.

Beispiel 3.6: $u_{xx} + 4x u_{xy} + 5x^2 u_{yy} = 0, G: x > 0$;

charakteristische Gleichung: $y'^2 - 4xy' + 5x^2 = 0$;

Wurzeln der char. Gleichung: $y' = (2 + i)x$ und $y' = (2 - i)x$;

komplexe Charakteristiken: $C_1 = y - x^2 + ix^2/2, C_2 = y - x^2 - ix^2/2$;

Transformationsformeln: $\xi = y - x^2, \eta = x^2/2$;

$$\xi_x = -2x, \eta_x = x, \xi_y = 1, \eta_y = 0;$$

Auflösung nach x, y: $x = \sqrt{2\eta}, \quad y = \xi + 2\eta$;

Transformation von u und der partiellen Ableitungen von u:

$$u(x, y) = u\left(\sqrt{2\eta}, \xi + 2\eta\right) = \omega(\xi, \eta) = \omega(y - x^2, x^2/2),$$

$$u_x = -2x\omega_\xi + x\omega_\eta, u_y = \omega_\xi, u_{xx} = 4x^2\omega_{\xi\xi} - 4x^2\omega_{\xi\eta} + x^2\omega_{\eta\eta} + \omega_\eta - 2\omega_\xi,$$

$$u_{xy} = -2x\omega_{\xi\xi} + x\omega_{\xi\eta}, u_{yy} = \omega_{\xi\xi};$$

Einsetzen in die Ausgangsdgl.: $x^2\omega_{\xi\xi} + x^2\omega_{\eta\eta} + \omega_\eta - 2\omega_\xi = 0$;
Normalform: $\omega_{\xi\xi} + \omega_{\eta\eta} + (\omega_\eta - 2\omega_\xi)/(2\eta) = 0$.

Aufgaben: Transformieren Sie die folgenden Dgln. auf ihre Normalformen:

3.4. $\quad u_{xx} + xy u_{yy} = 0$; a) für $x < 0, y > 0$; b) für $x > 0, y > 0$; $\qquad\qquad$ *

3.5. $\quad u_{xx} - 2u_{xy} + u_{yy} = 0$ für alle x, y! $\qquad\qquad\qquad\qquad\qquad\qquad$ *

In allen Fällen haben wir bisher $a(x, y) \neq 0$ in G vorausgesetzt. Ist in einem
Punkt $(x_0, y_0) \in G$ zwar $a(x_0, y_0) = 0$, aber $c(x_0, y_0) \neq 0$, so vertausche man die
Bezeichnungen für x und y. Dadurch tauschen a und c ihre Rollen, und aus Stetigkeitsgründen kann (3.4) in einer Umgebung U dieses Punktes wie oben auf die
jeweilige Normalform transformiert werden. Ist $a(x_0, y_0) = c(x_0, y_0) = 0$, so muß
$b(x_0, y_0) \neq 0$ sein. Dividiert man (3.4) durch $2b(x, y)$, so erhält man in (x_0, y_0)
sofort die hyperbolische Normalform (3.16).

Für p. Dgln. in Normalform kann manchmal mit den in Abschnitt 1.3. dargelegten Methoden die allgemeine Lösung angegeben werden (vgl. die Beispiele 1.6
bis 1.8, wo die Dgln. in Normalform vorliegen).

Beispiel 3.7: Die homogene **Schwingungsgleichung**

$$u_{tt} - a^2 u_{xx} = 0$$

hat die charakteristische Gleichung $x'^2 - a^2 = 0$ mit den Lösungen $C_1 = x - at$ und $C_2 = x + at$.
Durch die Transformation $\xi = x - at$, $\eta = x + at$ geht sie über in die Normalform $\omega_{\xi\eta} = 0$. Sie
hat nach Beispiel 1.7 die allgemeine Lösung $\omega = F(\xi) + G(\eta)$, und deshalb ist

$$u = F(x - at) + G(x + at)$$

die allgemeine Lösung der homogenen Schwingungsgleichung.

3.3. Partielle Differentialgleichungen mit konstanten Koeffizienten

Das im vorangehenden Abschnitt beschriebene Verfahren, eine Dgl. (3.4) in einem
Gebiet auf Normalform zu transformieren, ist nicht auf Dgln. (3.1) mit partiellen
Ableitungen 2. Ordnung nach mehr als zwei unabhängigen Variablen übertragbar.
Sind jedoch alle Koeffizienten a_{ik} konstant, so kann (3.1) durch eine lineare Trans-
formation der unabhängigen Variablen in gewisse Normalformen überführt werden,
die wir jetzt herleiten wollen.
Die lineare Transformation setzen wir an mit unbekannten Koeffizienten c_{ik}:

$$y_i = \sum_{k=1}^{n} c_{ik} x_k \ (i = 1, ..., n) \Leftrightarrow \mathbf{y} = \mathbf{Cx}. \qquad (3.26)$$

Sie führt $u(\mathbf{x})$ über in eine Funktion $w(\mathbf{y})$ mit

$$u(\mathbf{x}) = u(\mathbf{C}^{-1}\mathbf{y}) = w(\mathbf{y}) = w(\mathbf{Cx}), \qquad (3.27)$$

und wegen $\partial y_i/\partial x_k = c_{ik}$ ist

$$u_{x_i} = \sum_{r=1}^{n} w_{y_r} \partial y_r/\partial x_i = \sum_{r=1}^{n} c_{ri} w_{y_r}, \qquad (3.28)$$

$$u_{x_i x_k} = \sum_{r=1}^{n} c_{ri} \sum_{s=1}^{n} (\partial w_{y_r}/\partial y_s)(\partial y_s/\partial x_k) = \sum_{r,s=1}^{n} c_{ri} c_{sk} w_{y_r y_s}. \qquad (3.29)$$

Hieraus folgt

$$\sum_{i,k=1}^{n} a_{ik}u_{x_ix_k} = \sum_{i,k=1}^{n} a_{ik} \sum_{r,s=1}^{n} c_{ri}c_{sk}w_{y_ry_s} = \sum_{r,s=1}^{n}\left[\sum_{i,k=1}^{n} a_{ik}c_{ri}c_{sk}\right] w_{y_ry_s}. \qquad (3.30)$$

Aus der Algebra ist bekannt (s. Bd. 13, 4.2.5.), daß sich die Koeffizienten c_{ik} so bestimmen lassen, daß

$$\sum_{i,k=1}^{n} a_{ik}c_{ri}c_{sk} = \begin{cases} \lambda_r & \text{für } r = s, \\ 0 & \text{für } r \neq s, \end{cases} \qquad (3.31)$$

wobei die λ_i die (sämtlich reellen) Eigenwerte der aus den a_{ik} gebildeten (wegen $a_{ik} = a_{ki}$ symmetrischen) Matrix **A** sind. Genauer: Zu den *Eigenwerten* λ_i gibt es ein System von paarweise orthogonalen *Eigenvektoren* $\mathbf{c}_i$ von **A** (Lösungen der Gleichungssysteme $\mathbf{Ac} = \lambda_i\mathbf{c}$), die sämtlich die Länge 1 haben (also $\mathbf{c}_i^\mathsf{T}\mathbf{c}_k = 1$ für $i = k$ und $= 0$ für $i \neq k$). Die Matrix **C**, die die $\mathbf{c}_i^\mathsf{T}$ als Zeilenvektoren besitzt, erfüllt die Bedingung (3.31). Ersetzt man noch in F die x_i durch die y_i ($\mathbf{x} = \mathbf{C}^\mathsf{T}\mathbf{y}$ wegen $\mathbf{C}^\mathsf{T} = \mathbf{C}^{-1}$), u durch w und die u_{x_i} durch die rechten Seiten von (3.28), so geht (3.1) über in die **Normalform**:

$$\sum_{i=1}^{n} \lambda_i w_{y_iy_i} + \tilde{F}(\mathbf{y}, w, w_{y_1}, ..., w_{y_n}) = 0. \qquad (3.32)$$

Beispiel 3.8: $u_{x_1x_1} + 4u_{x_1x_2} + 2u_{x_1x_3} + 4u_{x_2x_2} + 4u_{x_2x_3} + 9u_{x_3x_3} = 0$;
Berechnung der Eigenwerte der Koeffizientenmatrix:

$$\begin{vmatrix} 1-\lambda & 2 & 1 \\ 2 & 4-\lambda & 2 \\ 1 & 2 & 9-\lambda \end{vmatrix} = -\lambda^3 + 14\lambda^2 - 40\lambda = 0 \Rightarrow \lambda_1 = 0, \lambda_2 = 10, \lambda_3 = 4;$$

(*Bemerkung:* Wegen $\lambda_1 = 0$ ist die Dgl. parabolisch). Lösungen der Gleichungen $\mathbf{Ac}_i = \lambda_i\mathbf{c}_i$ mit $|\mathbf{c}_i| = 1$:

$$\mathbf{c}_1 = \begin{pmatrix} -2/\sqrt{5} \\ 1/\sqrt{5} \\ 0 \end{pmatrix}, \quad \mathbf{c}_2 = \begin{pmatrix} 1/\sqrt{30} \\ 2/\sqrt{30} \\ 5/\sqrt{30} \end{pmatrix}, \quad \mathbf{c}_3 = \begin{pmatrix} -1/\sqrt{6} \\ -2/\sqrt{6} \\ 1/\sqrt{6} \end{pmatrix};$$

Transformationsformeln:

$$y_1 = (-2x_1 + x_2)/\sqrt{5}, \qquad x_1 = (-2/\sqrt{5})\,y_1 + (1/\sqrt{30})\,y_2 - (1/\sqrt{6})\,y_3,$$
$$y_2 = (x_1 + 2x_2 + 5x_3)/\sqrt{30}, \qquad x_2 = (1/\sqrt{5})\,y_1 + (2/\sqrt{30})\,y_2 - (2/\sqrt{6})\,y_3,$$
$$y_3 = (-x_1 - 2x_2 + x_3)/\sqrt{6}, \qquad x_3 = (5/\sqrt{30})\,y_2 + (1/\sqrt{6})\,y_3.$$

Man erhält die Normalform (rechnen Sie das aus!):

$$10w_{y_2y_2} + 4w_{y_3y_3} = 0.$$

Durch eine nochmalige (Ähnlichkeits-) Transformation

$$y_i = \sqrt{|\lambda_i|}\,z_i \quad \text{für} \quad \lambda_i \neq 0, \quad y_i = z_i \quad \text{für} \quad \lambda_i = 0 \qquad (3.33)$$

geht $w(\mathbf{y})$ in eine Funktion $\omega(\mathbf{z})$ über mit

$$\omega_{z_iz_i} = |\lambda_i|w_{y_iy_i} \quad \text{für} \quad \lambda_i \neq 0, \quad \omega_{z_iz_i} = w_{y_iy_i} \quad \text{für} \quad \lambda_i = 0,$$

und folglich (3.32) in

$$\sum_{i=1}^{n} \varkappa_i \omega_{z_i z_i} + F^*(\mathbf{z}, \omega, \omega_{z_1}, \ldots, \omega_{z_n}) = 0 \qquad (3.34)$$

$$\text{mit} \qquad \varkappa_i = \begin{cases} \operatorname{sgn} \lambda_i & \text{für} \quad \lambda_i \neq 0, \\ 0 & \text{für} \quad \lambda_i = 0. \end{cases}$$

Sind mehr $\varkappa_i = -1$ als gleich $+1$, so denken wir uns (3.34) mit -1 multipliziert. Dann kehrt sich diese Relation um. Wenn man nun noch, falls das' überhaupt notwendig ist, die Variablen so umnumeriert, daß zu den ersten der Koeffizient $\varkappa_i = 1$, zu den nächsten der Koeffizient -1 und zu den letzten der Koeffizient $\varkappa_i = 0$ gehört, so kann man z.B. für $n = 4$ alle möglichen Normalformen angeben:

elliptisch: $\qquad \omega_{z_1 z_1} + \omega_{z_2 z_2} + \omega_{z_3 z_3} + \omega_{z_4 z_4} + F^* = 0;$

hyperbolisch: $\qquad \omega_{z_1 z_1} + \omega_{z_2 z_2} + \omega_{z_3 z_3} - \omega_{z_4 z_4} + F^* = 0;$

ultrahyperbolisch: $\qquad \omega_{z_1 z_1} + \omega_{z_2 z_2} - \omega_{z_3 z_3} - \omega_{z_4 z_4} + F^* = 0;$

parabolisch: $\qquad \omega_{z_1 z_1} + \varkappa_2 \omega_{z_2 z_2} + \varkappa_3 \omega_{z_3 z_3} + F^* = 0,$

wobei im letzten Fall diese Varianten denkbar sind:

$$\varkappa_2 = 1, \varkappa_3 = 1; \qquad \varkappa_2 = 1, \varkappa_3 = -1; \qquad \varkappa_2 = 1, \varkappa_3 = 0; \qquad \varkappa_2 = -1, \varkappa_3 = 0;$$
$$\varkappa_2 = 0, \varkappa_3 = 0.$$

Aufgabe 3.6: Schreiben Sie in Analogie zum Fall $n = 4$ die Normalformen für $n = 3$ auf!   *

Ist die Dgl. (3.1) linear mit konstanten Koeffizienten, d.h.

$$F = \sum_{i=1}^{n} b_i u_{x_i} + cu - f(\mathbf{x}) \qquad (b_i, c \text{ konstant}),$$

so sind auch ihre Normalformen linear, denn wegen (3.28) ist

$$\sum_{i=1}^{n} b_i u_{x_i} = \sum_{i=1}^{n} b_i \sum_{r=1}^{n} c_{ri} w_{y_r} = \sum_{r=1}^{n} \left[\sum_{i=1}^{n} b_i c_{ri} \right] w_{y_r} = \sum_{r=1}^{n} b_r' w_{y_r}$$

mit $b_r' = \sum_{i=1}^{n} b_i c_{ri}$, und somit lautet die Normalform

$$\sum_{i=1}^{n} \lambda_i w_{y_i y_i} + \sum_{i=1}^{n} b_i' w_{y_i} + cw = \tilde{f}(\mathbf{y}). \qquad (3.35)$$

Durch die Ähnlichkeitstransformation (3.33) geht sie über in

$$\sum_{i=1}^{n} \varkappa_i \omega_{z_i z_i} + \sum_{i=1}^{n} \beta_i \omega_{z_i} + c\omega = f^*(\mathbf{z}) \qquad (3.36)$$

mit $\beta_i = b_i'$ für $\lambda_i = 0$ und $\beta_i = b_i' \sqrt{|\lambda_i|}$ für $\lambda_i \neq 0$.

Ist (3.1) nicht parabolisch, also $\lambda_i \neq 0$ und deshalb $\varkappa_i = \pm 1$ für alle i, so kann (3.36) durch den Ansatz

$$\omega(\mathbf{z}) = \tilde{\omega}(\mathbf{z}) \exp\left[-\frac{1}{2} \sum_{k=1}^{n} \varkappa_k \beta_k z_k \right] \qquad (3.37)$$

in die Dgl.

$$\sum_{i=1}^{n} \varkappa_i \tilde{\omega}_{z_i z_i} + \gamma \tilde{\omega} = \varphi(\mathbf{z}) \qquad (3.38)$$

übergeführt werden, in der keine Ableitungen 1. Ordnung mehr auftreten und wobei

$$\gamma = c - \frac{1}{4} \sum_{i=1}^{n} \varkappa_i \beta_i{}^2 \quad \text{und} \quad \varphi(z) = f^*(z) \exp\left[\frac{1}{2} \sum_{k=1}^{n} \varkappa_k \beta_k z_k\right]$$

gesetzt wurde. Rechnen Sie das nach, indem Sie (3.37) in (3.36) einsetzen!

3.4.   Elementare Integrationsmethoden

Es wurde schon darauf hingewiesen, daß bei partiellen Dgln. das Problem weniger in der Bestimmung einer allgemeinen Lösung besteht als vielmehr in der Berechnung einer einzigen Lösung, die außer der Dgl. noch gewisse zusätzliche Bedingungen erfüllt. Auch die nachfolgenden wichtigsten elementaren Integrationsmethoden liefern keine allgemeine Lösung (wie das bei manchen gewöhnlichen Dgln. möglich ist), sondern nur Klassen spezieller Lösungen, die aber in vielen praktischen Fällen ausreichend sind, um aus ihnen die gesuchte eindeutige Lösung zu konstruieren.

3.4.1.   Der Exponentialansatz

Er ist eine Verallgemeinerung des bekannten Exponentialansatzes für gewöhnliche Dgln. (s. Bd. 7/1, 3.5.4.) auf partielle lineare, homogene Dgln. mit konstanten Koeffizienten. Nach 3.3. können wir annehmen, daß die·Dgl. in der Normalform (3.36) mit $f^* \equiv 0$ oder (3.38) mit $\varphi \equiv 0$ (für nichtparabolische Dgln.) vorliegt. Das ist für die Anwendbarkeit der Methode nicht wesentlich, vereinfacht aber die anschließenden allgemeinen Überlegungen. Die gesuchte Funktion bezeichnen wir wieder mit u und die unabhängigen Variablen mit x_i. Der Ansatz lautet:

$$u = \exp\left[\sum_{i=1}^{n} \alpha_i x_i\right] \quad (\alpha_i \text{ unbekannte Konstanten}). \tag{3.39}$$

Es ist $u_{x_i} = \alpha_i u$, $u_{x_i x_i} = \alpha_i{}^2 u$, und setzt man das in

$$\sum_{i=1}^{n} \varkappa_i u_{x_i x_i} + \sum_{i=1}^{n} \beta_i u_{x_i} + cu = 0 \quad \text{bzw.} \quad \sum_{i=1}^{n} \varkappa_i u_{x_i x_i} + \gamma u = 0$$

ein, so erhält man nach Division durch u ($u \neq 0$ nach Ansatz)

$$\sum_{i=1}^{n} \varkappa_i \alpha_i{}^2 + \sum_{i=1}^{n} \beta_i \alpha_i + c = 0 \quad \text{bzw.} \quad \sum_{i=1}^{n} \varkappa_i \alpha_i{}^2 + \gamma = 0, \tag{3.40a, b}$$

also eine Bestimmungsgleichung für die n unbekannten Zahlen $\alpha_1, ..., \alpha_n$. Ist z.B. $\varkappa_1 = 1$ (wir haben uns überlegt, daß sich das durch eventuelle Umnumerierung der Variablen und Multiplikation der Dgl. mit -1 stets erreichen läßt), so können α_2, $\alpha_3, ..., \alpha_n$ beliebig gewählt werden, denn dann sind (3.40a) oder (3.40b) quadratische Gleichungen für α_1, deren Wurzeln reell oder konjugiert komplex sein können. Sind die Wurzelwerte verschieden, erhält man zwei $(n-1)$-parametrige Lösungen der Gestalt (3.39) mit den Parametern $\alpha_2, \alpha_3, ..., \alpha_n$.

Beispiel 3.9: $u_{xx} + u_{yy} - u_{zz} = 0$ (hyperbolische Dgl.);
Ansatz: $u = \exp[\alpha x + \beta y + \gamma z] \Rightarrow u_x = \alpha u, u_y = \beta u, u_z = \gamma u, u_{xx} = \alpha^2 u, ...$;
Einsetzen in die Dgl. und Division durch u gibt: $\alpha^2 + \beta^2 - \gamma^2 = 0$;
Auflösung nach γ: $\gamma_1 = \sqrt{\alpha^2 + \beta^2}$, $\gamma_2 = -\sqrt{\alpha^2 + \beta^2}$;
spezielle Lösungen der Dgl. (α, β freie Parameter):

$$u_1 = \exp[\alpha x + \beta y + \sqrt{\alpha^2 + \beta^2}\, z], \quad u_2 = \exp[\alpha x + \beta y - \sqrt{\alpha^2 + \beta^2}\, z].$$

Beispiel 3.10: $u_{xx} + u_{yy} = 0$ (elliptische Dgl.);

Ansatz: $u = \exp[\alpha x + \beta y]$;

Einsetzen in die Dgl. liefert: $\alpha^2 + \beta^2 = 0 \Rightarrow \beta = \pm i\alpha$;

Lösungen: $u_1 = e^{\alpha x + i\alpha y}$, $u_2 = e^{\alpha x - i\alpha y}$ (α freier Parameter);

reellwertige Lösungen: $u_3 = e^{\alpha x} \cos(\alpha y)$, $u_4 = e^{\alpha x} \sin(\alpha y)$;

(Zum Übergang von komplex- zu reellwertigen Lösungen s. 3.5.1.! Machen Sie bei diesem Beispiel die Probe durch Einsetzen in die Dgl.!).

Beispiel 3.11: $u_{xx} + u_{yy} - u_t + u = 0$ (parabolische Dgl.);

Ansatz: $u = \exp[\alpha x + \beta y + \gamma t]$;

Einsetzen in die Dgl. und Division durch u ergibt: $\alpha^2 + \beta^2 - \gamma + 1 = 0 \Rightarrow \gamma = \alpha^2 + \beta^2 + 1$;

Lösungen: $u = \exp[\alpha x + \beta y + (\alpha^2 + \beta^2 + 1)\,t]$ (α, β freie Parameter);

Aufgaben: Berechnen Sie mit Hilfe des Exponentialansatzes Lösungen der Dgln.

3.7. $u_{xx} - u_{yy} + 4u_x - 2u_y + 3u = 0$;   *

3.8. $u_{xy} + u_x - u_y - 1 = 0$!   *

3.4.2. Der Produktansatz (Separationsverfahren)

Der Exponentialansatz ist eine spezielle Form des Produktansatzes mit unbekannten Funktionen $\varphi_i(x_i)$ einer Variablen:

$$u(\mathbf{x}) = \varphi_1(x_1)\,\varphi_2(x_2) \cdots \varphi_n(x_n) \tag{3.41}$$

(warum?). Das von diesem Ansatz ausgehende Separationsverfahren läßt sich ganz allgemein kurz so umreißen: Setzt man (3.41) in eine partielle Dgl. ein, so werden die partiellen Ableitungen von u durch gewöhnliche Ableitungen der $\varphi_i(x_i)$ ersetzt. Nun versucht man die Gleichung so umzuformen, daß eine Seite (sagen wir die linke) nur von einer einzigen Variablen x_k und die andere (rechte) Seite nicht von x_k abhängt. (Man sagt, daß die Variable x_k *separiert* wurde.) Diese Gleichung kann nur dann in einem Gebiet identisch erfüllt sein, wenn beide Seiten gleich einer gemeinsamen Konstanten sind, die wir mit λ_1 bezeichnen. (Sie heißt *Separationskonstante* oder *-parameter*). Wäre nämlich die linke Seite nicht konstant, so würde sie für mindestens zwei verschiedene Werte der Variablen x_k verschiedene Werte besitzen, während die rechte Seite bei einer Änderung von x_k unbeeinflußt bleibt. Also ist die linke und folglich auch die rechte Seite konstant. Die linke Seite gleich λ_1 gesetzt, ergibt eine gewöhnliche Dgl. für die Funktion $\varphi_k(x_k)$. Ist $n = 2$, so hängt auch die rechte Seite nur von einer einzigen Variablen ab und liefert auf dieselbe Weise eine gewöhnliche Dgl. Somit hat man für $n = 2$ die partielle Dgl. durch zwei gewöhnliche ersetzt. Ist $n > 2$, so setzt man die rechte Seite ebenfalls gleich λ_1 und wiederholt das Separationsverfahren bezüglich dieser Gleichung. Fährt man so fort, so gewinnt man aus der partiellen Dgl. Schritt für Schritt gewöhnliche Dgln. für die $\varphi_i(x_i)$, wobei jeder Schritt mit der Einführung eines neuen Separationsparameters verbunden ist. Kennt man Lösungen aller dieser gewöhnlichen Dgln. (sie hängen von den Separationsparametern und eventuell weiteren Konstanten ab), so hat man entsprechend dem Ansatz (3.41) spezielle (partikuläre) Lösungen der partiellen Dgl. erhalten, die noch von frei wählbaren Konstanten abhängen.

Beispiel 3.12: $u_{xx} - u_t = 0$ (Wärmeleitungsgleichung);

Ansatz: $u(x, t) = \varphi(x)\,\psi(t) \Rightarrow u_{xx} = \varphi''(x)\,\psi(t)$, $u_t = \varphi(x)\,\psi'(t)$;

Einsetzen in die Dgl.: $\varphi''(x)\,\psi(t) - \varphi(x)\,\psi'(t) = 0$;

Separation der Variablen: $\varphi''(x)/\varphi(x) = \psi'(t)/\psi(t)$[1]);
Einführung des Separationsparameters λ liefert:

$$\varphi''(x)/\varphi(x) = \lambda \Rightarrow \varphi''(x) - \lambda\varphi(x) = 0,$$

$$\psi'(t)/\psi(t) = \lambda \Rightarrow \psi'(t) - \lambda\psi(t) = 0;$$

allgemeine Lösungen der Dgln. für $\varphi(x)$ und $\psi(t)$ (vgl. Bd. 7/1, 3.5.4. und 3.5.5.):

für $\lambda = 0$: $\varphi(x) = A_1 x + A_2, \psi(t) = B,$

für $\lambda > 0$: $\varphi(x) = A_1 e^{\sqrt{\lambda}x} + A_2 e^{-\sqrt{\lambda}x}, \quad \psi(t) = B e^{\lambda t},$

für $\lambda < 0$: $\varphi(x) = A_1 \cos\left(\sqrt{|\lambda|}x\right) + A_2 \sin\left(\sqrt{|\lambda|}x\right), \psi(t) = B e^{\lambda t};$

(A_1, A_2, B beliebige Konstanten).
Lösungen der Wärmeleitungsgleichung (mit $C_1 = BA_1$, $C_2 = BA_2$ beliebig konstant):

für $\lambda = 0$: $u(x, t) = C_1 x + C_2,$

für $\lambda > 0$: $u(x, t) = \left(C_1 e^{\sqrt{\lambda}x} + C_2 e^{-\sqrt{\lambda}x}\right) e^{\lambda t},$

für $\lambda < 0$: $u(x, t) = \left(C_1 \cos\left(\sqrt{|\lambda|}\, x\right) + C_2 \sin\left(\sqrt{|\lambda|}\, x\right)\right) e^{\lambda t}.$

Beispiel 3.13: $xu_{xy} - u_y - y = 0$

Ansatz: $u(x, y) = \varphi(x)\, \psi(y) \Rightarrow u_{xy} = \varphi'(x)\, \psi'(y), u_y = \varphi(x)\, \psi'(y);$

Einsetzen in die Dgl. und Separation der Variablen:

$$x\varphi'(x)\, \psi'(y) - \varphi(x)\, \psi'(y) - y = 0 \Rightarrow x\varphi'(x) - \varphi(x) = y/\psi'(y);$$

gewöhnliche Dgln.: $x\varphi'(x) - \varphi(x) = \lambda, y - \lambda\psi'(y) = 0;$
allgemeine Lösungen (s. Bd. 7/1, 2.3.):

$$\varphi(x) = Ax - \lambda, \psi(y) = (y^2/2 + B)/\lambda;$$

Lösungen der partiellen Dgl.: $u(x, y) = (Cx - 1)(y^2/2 + B)$ mit $C = A/\lambda$ als beliebiger Konstanten.
(Anmerkung: Mit derselben Methode wie in Beispiel 1.8 können sogar die Lösungen dieser Dgl. berechnet werden. Man erhält $u = F(y)x + G(x) - y^2/2$. Wie sind F und G zu wählen, damit man die mit Produktansatz ermittelten Lösungen erhält?)

Das letzte Beispiel zeigt, daß der Produktansatz mit Erfolg auch auf lineare inhomogene Dgln. mit nichtkonstanten Koeffizienten angewendet werden kann, also einen umfassenderen Anwendungsbereich besitzt als der Exponentialansatz. Seine genaue Abgrenzung ist ein kompliziertes Problem, auf das in diesem Rahmen nicht eingegangen werden kann, so daß wir das Separationsverfahren als ein Probierverfahren ansehen, das natürlich nur dann erfolgreich sein kann, wenn die Differentialgleichung Lösungen dieser Struktur hat.

Beispiel 3.14: $v_{rr} + \dfrac{1}{r} v_r + \dfrac{1}{r^2} v_{\vartheta\vartheta} + v_{zz} = 0.$

(Diese Dgl. erhält man durch Transformation der Potentialgleichung $u_{xx} + u_{yy} + u_{zz} = 0$ auf Zylinderkoordinaten

$$x = r\cos\vartheta, y = r\sin\vartheta, z = z; \quad u(x, y, z) = v(r, \vartheta, z), \quad \text{(vgl. Bd. 4; 3.8.3.2.).)}$$

---

[1]) Bei diesem und den folgenden Beispielen denken wir uns eventuell auftretende Nullstellen der gesuchten Funktionen φ und ψ bzw. $\varphi_1, \varphi_2, \ldots, \varphi_n$ und gegebenenfalls ihrer Ableitungen ausgeschlossen, falls bei der Anwendung der Separationsmethode durch diese Funktionen dividiert wird. Aus Stetigkeitsgründen erfüllen die gefundenen Funktionen $\varphi(x)\, \psi(t)$ bzw. $\varphi_1(x), \ldots, \varphi_n(x)$ die p. Dgl. auch an den zunächst ausgeschlossenen Stellen.
Auf eine ausführliche Begründung wollen wir hier verzichten.

Ansatz: $v(r, \vartheta, z) = R(r)\,\Theta(\vartheta)\,Z(z)$;

Einsetzen in die Dgl.: $R''\Theta Z + \dfrac{1}{r}\,R'\Theta Z + \dfrac{1}{r^2}\,R\Theta''Z + R\Theta Z'' = 0$;

Division durch $R\Theta Z$: $R''/R + R'/rR + \Theta''/r^2\Theta + Z''/Z = 0$;

Separation von z: $Z''/Z = -R''/R - R'/rR - \Theta''/r^2\Theta$;

Einführung einer ersten Separationskonstanten:

$$Z''/Z = \lambda_1 \Rightarrow Z'' - \lambda_1 Z = 0, \qquad -R''/R - R'/rR - \Theta''/r^2\Theta = \lambda_1;$$

Separation der letzten Gleichung:

$$\Theta''/\Theta = -r^2R''/R - rR'/R - \lambda_1 r^2;$$

Einführung einer zweiten Separationskonstanten:

$$\Theta''/\Theta = \lambda_2, \quad -r^2R''/R - rR'/R - \lambda_1 r^2 = \lambda_2.$$

Damit haben wir für $R(r)$, $\Theta(\vartheta)$, $Z(z)$ die folgenden gewöhnlichen linearen homogenen Dgln. erhalten:

$$r^2 R'' + rR' + (\lambda_1 r^2 + \lambda_2)\,R = 0, \quad \Theta'' - \lambda_2\Theta = 0, \quad Z'' - \lambda_1 Z = 0.$$

Die Koeffizienten der letzten beiden Dgln. sind konstant, so daß sich (vgl. Beispiel 3.12) ihre allgemeinen Lösungen leicht bestimmen lassen. Die Dgl. für R steht in enger Beziehung zur *Besselschen Dgl.* (s. Bd. 7/2, 5.4.5.). Ihre allgemeine Lösung geben wir der Einfachheit wegen nur für spezielle Werte der Separationskonstanten an.

1. Fall: $\lambda_1 = 0$, $\lambda_2 = -n^2$ ($n = 1, 2, \ldots$).
Die Dgl. für R ist eine Eulersche Dgl. (s. Bd. 7/1, 3.5.7.) mit der allgemeinen Lösung $R = A_1 r^n + A_2 r^{-n}$. Für v erhält man die Lösungen ($A_1, A_2, B_1, B_2, C_1, C_2$ beliebige Konstanten)

$$v_n(r, \vartheta, z) = (A_1 r^n + A_2 r^{-n})\,(B_1 \cos(n\vartheta) + B_2 \sin(n\vartheta))\,(C_1 z + C_2).$$

2. Fall: $\lambda_1 = 1$, $\lambda_2 = -n^2$ ($n = 1, 2, \ldots$).
Die Dgl. für R ist eine Besselsche Dgl. mit der allgemeinen Lösung $R = A_1 J_n(r) + A_2 N_n(r)$ (Bd. 7/2, 5.4.5.). Für v erhält man die Lösungen ($A_1, \ldots, C_2$ beliebige Konstanten)

$$v_n(r, \vartheta, z) = (A_1 J_n(r) + A_2 N_n(r))\,(B_1 \cos(n\vartheta) + B_2 \sin(n\vartheta))\,(C_1 e^z + C_2 e^{-z}).$$

An dieser Stelle empfehlen wir dem Leser, nochmals die zu Beginn dieses Abschnitts gegebene verbale Beschreibung des Separationsverfahrens durchzulesen, um das Wesen dieser Methode besser zu verstehen. Ausdrücklich sei noch vermerkt, daß man auch dann nicht erwarten kann, eine allgemeine Lösung der partiellen Dgl. zu erhalten, wenn man die allgemeinen Lösungen der gewöhnlichen Dgln. bestimmt hat. Es kann nämlich noch Lösungen der partiellen Dgl. geben, die nicht die Produktform (3.41) haben. So hat z. B. die Wärmeleitungsgleichung (Beispiel 3.12.) auch die Lösung $u = x^2 + 2t$, wovon man sich unmittelbar durch die Probe überzeugen kann, und diese Lösung kann mit dem Produktansatz nicht erhalten werden. Wir werden in den späteren Abschnitten sehen, daß die Vorgabe von Nebenbedingungen an die gesuchte Lösung der partiellen Dgl. zu Nebenbedingungen an die Lösungen der gewöhnlichen Dgln. führt, so daß sich die Bestimmung der allgemeinen Lösungen der gewöhnlichen Dgln. in vielen Fällen erübrigt.

Aufgabe 3.9: Berechnen Sie mittels des Separationsverfahrens Lösungen der Dgln.   *

a) $u_{xy} + yu_x - xu_y = 0$;

b) $x^2 u_{xx} + u_{yy} + xu_x - u = 0$;

c) $u_{yy} - \tan x\, u_x = u$.

(*Hinweis* zu b) und c): Um komplexwertige Lösungen zu vermeiden, betrachten Sie den Separationsparameter nur in solchen Intervallen, in denen die auftretenden Wurzeln reell sind! Zusätzlich können Sie untersuchen, welche reellwertigen Lösungen der Dgln. man für die anderen Werte des Separationsparameters erhält.)

3.5.   Konstruktion weiterer Lösungen für lineare homogene Differentialgleichungen

Ist eine partielle Dgl. linear und homogen, so kann man aus Lösungen, die man z. B. mittels des Exponential- oder Produktansatzes berechnet hat, weitere Lösungen konstruieren. Da diese Methoden vom Typ der Dgl. unabhängig sind, können wir die allgemeine lineare homogene Dgl. zugrunde legen. Um die Darstellung einfach zu halten, beschränken wir uns auf Dgln. für Funktionen zweier Variabler, also auf Dgln. der Form

$$a_{11}u_{xx} + 2a_{12}u_{xy} + a_{22}u_{yy} + b_1u_x + b_2u_y + cu = 0. \tag{3.42}$$

Alle Methoden sind übertragbar auf lineare homogene Dgln. für Funktionen von mehr als zwei Variablen. Überlegen Sie sich das bei jeder der nachfolgenden Methoden! Die Koeffizienten können, wenn nicht ihre Konstanz ausdrücklich gefordert wird, von den unabhängigen Variablen abhängen.

3.5.1.   Zerlegung in Real- und Imaginärteil

Sind die Koeffizienten in (3.42) reell, wie wir es bisher immer stillschweigend vorausgesetzt haben, aber $u(x, y) = u_1(x, y) + iu_2(x, y)$ eine komplexwertige Lösung, wie man sie z. B. beim Exponentialansatz erhalten kann, so sind auch $u_1(x, y)$ und $u_2(x, y)$ Lösungen von (3.42). Das beweist man wie bei gewöhnlichen Dgln. (Bd. 7/1, 3.5.5.), so daß wir hier auf einen ausführlichen Beweis verzichten wollen. In Beispiel 3.10 haben wir diese Methode des Auffindens neuer Lösungen schon verwendet.

3.5.2.   Linearkombination von Lösungen

Sind $u_1(x, y), u_2(x, y), \ldots, u_n(x, y)$ Lösungen von (3.42) und $C_1, C_2, \ldots, C_n$ beliebige Konstanten, so ist auch

$$u(x, y) = C_1u_1(x, y) + C_2u_2(x, y) + \cdots + C_nu_n(x, y)$$

eine Lösung von (3.42). Bekanntlich gilt ein entsprechender Satz für jede lineare homogene gewöhnliche oder p. Dgl. (s. 1.2.).

3.5.3.   Reihen von Lösungen

Sind $u_1(x, y), u_2(x, y), \ldots$ abzählbar unendlich viele Lösungen von (3.42), so ist auch

$$u(x, y) = \sum_{n=1}^{\infty} C_nu_n(x, y)$$

eine Lösung von (3.42), falls die in der Dgl. vorkommenden Ableitungen durch gliedweise Differentiation der Reihe gebildet werden können. Das ergibt sich sofort durch

Einsetzen von u in die Dgl. Hinreichende Kriterien über die gliedweise Differenzierbarkeit von Funktionenreihen findet man in Bd. 3,3. Läßt sich die Reihe zu einem geschlossenen Ausdruck für $u(x, y)$ aufsummieren, kann·man unmittelbar durch die Probe feststellen, ob u eine Lösung ist, und vermeidet auf diese Weise den Nachweis der gliedweisen Differenzierbarkeit. Sinnvolle Beispiele zu dieser Methode finden Sie in den nächsten Abschnitten. Sie sind meist mit nicht geringem Rechenaufwand verbunden, so daß wir uns hier mit einem simplen Beispiel zur Illustration begnügen.

Beispiel 3.15: $u_{xx} + u_{yy} = 0$ hat die Lösungen $u_n(x, y) = e^{n(x+iy)}$ (s. Beispiel 3.10. mit $\alpha = n$). Wir bilden aus ihnen die geometrische Reihe $\sum\limits_{n=0}^{\infty} (e^{x+iy})^n$, die für $|e^{x+iy}| = e^x < 1$, d.h. für $x < 0$ konvergiert und die Summe

$$u(x, y) = 1/(1 - e^{x+iy}) = (1 - e^{x-iy})/(1 - 2e^x \cos y + e^{2x})$$

$$= (1 - e^x \cos y)/(1 - 2e^x \cos y + e^{2x}) + ie^x \sin y/(1 - 2e^x \cos y + e^{2x})$$

besitzt. Durch die Probe bestätigt man, daß $u(x, y)$ Lösung der Dgl. ist. Nach 3.5.1. sind dann auch

$$u_1(x, y) = (1 - e^x \cos y)/(1 - 2e^x \cos y + e^{2x}),$$

$$u_2(x, y) = e^x \sin y/(1 - 2e^x \cos y + e^{2x})$$

Lösungen der Differentialgleichung.

3.5.4. Integration über freie Parameter

Es sei $u = u(x, y, \alpha, \beta, ...)$ eine Lösung von (3.42), die von freien Parametern $\alpha, \beta, ...$ abhängt. Wie wir gesehen haben, liefern der Exponential- und der Produktansatz solche Lösungen. Ist $D(\alpha)$ eine beliebige (integrierbare) Funktion eines dieser Parameter, so ist auch

$$v(x, y) = \int\limits_{\alpha_1}^{\alpha_2} D(\alpha)\, u(x, y, \alpha, \beta, ...)\, d\alpha$$

mit beliebigen Integrationsgrenzen x_1 und α_2 eine Lösung, falls alle erforderlichen Differentiationen unter dem Integralzeichen vorgenommen werden können. Man bezeichnet $D(\alpha)$ als *Dichtefunktion*. In vielen Anwendungen wird das Integral über ein unendliches Intervall erstreckt. (Über die Differentiation eigentlicher oder uneigentlicher Parameterintegrale s. Bd. 5, 1.). Der Beweis wird durch Einsetzen von v in die Dgl. geführt.

Beispiel 3.16: $u_{xx} + u_{yy} = 0$ hat (s. Beispiel 3.10.) die Lösung $u(x, y) = e^{\alpha x} \cos(\alpha y)$. Für $D(\alpha) \equiv 1$ ist auch die Funktion

$$v(x, y, \beta) = \int\limits_{0}^{\beta} e^{\alpha x} \cos(\alpha y)\, d\alpha \qquad (\beta \text{ konstant, beliebig})$$

eine Lösung der Potentialgleichung. Das Integral berechnet man durch zweimalige partielle Integration:

$$v(x, y, \beta) = \frac{1}{y} e^{\beta x} \sin(\beta y) - \frac{x}{y} \int\limits_{0}^{\beta} e^{\alpha x} \sin(\alpha y)\, d\alpha$$

$$= \frac{1}{y} e^{\beta x} \sin(\beta y) - \frac{x}{y} \left[\frac{1}{y} - \frac{e^{\beta x} \cos(\beta y)}{y} \right] - \frac{x^2}{y^2} \int\limits_{0}^{\beta} e^{\alpha x} \cos(\alpha y)\, d\alpha,$$

woraus man erhält

$$v(x, y, \beta) = \frac{1}{x^2 + y^2} [ye^{\beta x} \sin (\beta y) + xe^{\beta x} \cos (\beta y) - x].$$

Für $x < 0$ erhält man durch Grenzübergang $\beta \to \infty$ die Funktion $\tilde{v}(x, y) = -\dfrac{x}{x^2 + y^2}$, von der man durch eine Probe nachweisen kann, daß sie sogar für alle x, y außer $x = y = 0$ Lösung der Potentialgleichung ist. Da v wieder von einem Parameter β abhängt, kann man nach derselben Methode neue Lösungen der Dgl. gewinnen.

Hängt u von mehreren freien Parametern ab, so kann man auch mit einer Dichtefunktion $D(\alpha, \beta, ...)$ mehrerer oder aller dieser Parameter neue Lösungen in Form der Mehrfachintegrale

$$v(x, y) = \int\limits_{\alpha_1}^{\alpha_2} \int\limits_{\beta_1}^{\beta_2} ... D(\alpha, \beta, ...) u(x, y, \alpha, \beta, ...) \, \mathrm{d}\alpha \mathrm{d}\beta ...$$

erhalten, vorausgesetzt, daß die partiellen Differentiationen unter den Integralzeichen ausgeführt werden dürfen.

3.5.5.   Einführung freier Parameter

Sind die Koeffizienten a_{ik}, b_i, c konstant, $u = u(x, y)$ eine spezielle Lösung der Dgl., so ist auch für beliebige Werte der Parameter α, β

$$v(x, y, \alpha, \beta) = u(x - \alpha, y - \beta)$$

Lösung der Dgl. (3.42), was man durch die Probe unmittelbar bestätigt findet. Führen Sie die Probe aus!

Beispiel 3.17: Nach dem vorigen Beispiel hat $u_{xx} + u_{yy} = 0$ die Lösung $u = x/(x^2 + y^2)$. (Das Minuszeichen ist unwesentlich, da die Dgl. homogen ist.) Also sind alle Funktionen $v(x, y, \alpha, \beta)$ $= (x - \alpha)/[(x - \alpha)^2 + (y - \beta)^2]$ Lösungen der Potentialgleichung.

3.5.6.   Faltungsintegrale

Hat man durch die eben beschriebene Methode parameterabhängige Lösungen erhalten, können mit Dichtefunktionen $D(\alpha)$ oder $D(\alpha, \beta)$ nach dem in 3.5.4. beschriebenen Verfahren neue Lösungen gefunden werden:

$$v(x, y) = \int\limits_{\alpha_1}^{\alpha_2} D(\alpha) u(x - \alpha, y - \beta) \, \mathrm{d}\alpha$$

oder

$$v(x, y) = \int\limits_{\alpha_1}^{\alpha_2} \int\limits_{\beta_1}^{\beta_2} D(\alpha, \beta) u(x - \alpha, y - \beta) \, \mathrm{d}\beta \, \mathrm{d}\alpha.$$

Die rechts stehenden Integrale heißen *Faltungsintegrale*.

Beispiel 3.18: Nach dem letzten Beispiel ist (mit $\beta = 0$) $u(x, y, \alpha) = (x - \alpha)/[(x - \alpha)^2 + y^2]$ Lösung von $u_{xx} + u_{yy} = 0$. Wählen wir $D(\alpha) \equiv 1$, so ist auch

$$v(x, y) = \int\limits_0^1 \frac{x - \alpha}{(x - \alpha)^2 + y^2}\, d\alpha = \frac{1}{2} \ln \left[\frac{x^2 + y^2}{(x - 1)^2 + y^2} \right]$$

eine Lösung dieser Dgl.

Zusammenfassend stellen wir fest: Wir kennen Möglichkeiten, aus bekannten Lösungen einer linearen homogenen p. Dgl. neue Lösungen zu konstruieren. Wir kennen aber kein Verfahren, eine allgemeine Lösung einer beliebigen solchen Dgl. zu finden, wie das bei p. Dgln. 1. Ordnung durch die Zurückführung auf Systeme gewöhnlicher Dgln. zumindest theoretisch möglich ist. In den folgenden Abschnitten kommt es nun gerade darauf an, die vorstehenden Verfahren zur Konstruktion einer durch Nebenbedingungen eindeutig bestimmten Lösung zu benutzen. Offen ist auch noch die Frage, ob und gegebenenfalls wie man Lösungen einer linearen inhomogenen p. Dgl. aus Lösungen der zugehörigen homogenen Dgl. konstruieren kann (entsprechend der Variation der Konstanten bei gewöhnlichen Dgln.).

4. Rand- und Anfangswertprobleme

4.1. Allgemeine Bemerkungen

Es wurde schon mehrfach darauf hingewiesen, daß es bei praktischen Problemen in Naturwissenschaft und Technik nicht darauf ankommt, die allgemeine Lösung einer p. Dgl. zu finden, sondern eine eindeutige Lösung zu bestimmen, die außer der p. Dgl. noch gewisse zusätzliche Bedingungen erfüllt. Wir haben in Abschnitt 1.4. ein Problem (p. Dgl. + Nebenbedingungen) als *sachgemäß gestellt* bezeichnet, wenn es eine eindeutige Lösung besitzt, die stetig von den Nebenbedingungen abhängt, so daß kleine Wertänderungen in den Nebenbedingungen auch nur geringe Änderungen der Funktionswerte der Lösung bewirken. Die Art solcher Nebenbedingungen ist außerordentlich vielfältig und eng verbunden mit dem jeweils konkret vorliegenden Anwendungsfall. In den folgenden Abschnitten betrachten wir einige typische Beispiele, die als Wegweiser bei der Lösung ähnlicher Probleme zu verstehen sind.

Zur ersten Orientierung wollen wir einige heuristische Überlegungen voranstellen. Während wir bei unserer bisherigen rein mathematischen Betrachtungsweise der Dgl. (3.1) alle unabhängigen Variablen als gleichberechtigt angesehen haben, unterscheiden wir jetzt im Hinblick auf die Anwendungen zwischen den räumlichen Variablen x, y, z und der Zeitvariablen t. Mit G bezeichnen wir nicht wie bisher ein Gebiet im Raum aller unabhängigen Variablen, sondern ein räumliches Gebiet, das ein- oder mehrdimensional sein kann (im eindimensionalen Fall ist es ein Intervall auf der x-Achse, im zweidimensionalen Fall ein Gebiet der x,y-Ebene, im dreidimensionalen Fall ein Gebiet im x, y,z-Raum), je nach Anzahl der auftretenden Raumvariablen. Ist G nicht der ganze Raum (die ganze x-Achse usw.), so bezeichnet man seinen Rand üblicherweise mit ∂G. Einen beliebigen Punkt aus G bezeichnen wir mit P, so daß wir $u = u(P, t)$ schreiben können. Die zeitliche Variable t kann in einem endlichen oder unendlichen Intervall J variieren, dessen (falls vorhandener) linker Endpunkt durch geeignete Wahl der Zeitskala ohne Einschränkung der Allgemeinheit stets als $t = 0$ angenommen werden kann. Wir stellen uns vor, daß in G zum Zeitpunkt $t = 0$ ein zeitabhängiger Prozeß (z. B. Wärmefluß in einem Stab, einer Platte oder einem Körper; Schwingung einer Saite, einer Membran oder eines Körpers) beginnt oder in G ein zeitlich unveränderlicher (*stationärer*) Zustand (z. B. stationäres Kraftfeld, stationäre Wärmeverteilung) herrscht, der durch die gesuchte Funktion $u = u(P, t)$ bzw. $u = u(P)$ beschrieben wird (vgl. Beispiele 1.1 bis 1.3).

Die Anwendungen zeigen, daß zeitabhängige Prozesse i. allg. durch hyperbolische und parabolische Dgln. (s. Beispiele 1.1 und 1.2), stationäre Zustände durch elliptische Dgln. (Beispiel 1.3) erfaßt werden. Es ist plausibel, daß der Ablauf eines zeitlich veränderlichen Prozesses wesentlich beeinflußt wird von dem momentanen Zustand im Gebiet G zu Beginn des Prozesses, daß also die Werte der gesuchten Funktion im Zeitpunkt $t = 0$ vorgegeben werden können:

$$u(P, 0) = f(P) \quad (P \in G), \tag{4.1}$$

wobei $f(P)$ als bekannte Funktion anzusehen ist. Ist die Dgl. hyperbolisch, so tritt in ihr $u_{tt}(P, t)$ auf, und man kann in Analogie zu den gewöhnlichen Dgln. erwarten, daß auch die Bedingung

$$u_t(P, 0) = g(P) \quad (P \in G) \tag{4.2}$$

mit einer bekannten Funktion $g(P)$ gestellt werden kann. Die Bedingungen (4.1) und (4.2) heißen **Anfangsbedingungen**. Ist G beschränkt (bei praktischen Problemen ist G natürlich immer beschränkt, aber s. u.), so wird der in G ablaufende Prozeß i. allg. beeinflußt vom jeweiligen Zustand des G umgebenden Mediums (bei einem Wärmeleitungsproblem z. B. von der „Außentemperatur" und der Isolierung des G ausfüllenden Körpers). Es ist deshalb naheliegend, auch auf dem Rand ∂G noch gewisse Bedingungen vorzugeben, die die auf G von außen einwirkenden Einflüsse wiedergeben. Man bezeichnet sie als **Randbedingungen.** Im einfachsten Fall besteht eine Randbedingung in der Vorgabe der Werte der gesuchten Funktion auf ∂G:

$$u(Q, t) = h(Q, t) \quad (Q \in \partial G) \quad \text{für} \quad t \in J. \tag{4.3}$$

Es gibt mannigfache Möglichkeiten der Vorgabe von Randbedingungen, wie wir in den folgenden Abschnitten sehen werden.

Es ist aber auch denkbar, daß aus praktischen Überlegungen die Einwirkung äußerer Einflüsse als unwesentlich für den Ablauf des Prozesses erkannt und deshalb unberücksichtigt gelassen werden kann. Das wäre beispielsweise der Fall, wenn die Werte der Lösung nur in Punkten von G interessieren, die so weit vom Rand entfernt liegen, daß sich in ihnen die aus dem Äußeren von G stammenden Einflüsse nicht bemerkbar machen. Dann gelangt man durch mathematische Abstraktion zum folgenden Problem: Gesucht ist diejenige Funktion $u(P, t)$, die im ganzen Raum Lösung der p. Dgl. ist und (entsprechend ihrem Typ) die Anfangsbedingung(en) (4.1) (und (4.2)) erfüllt. (In der Praxis interessieren natürlich i. allg. nicht die Werte von u im ganzen Raum, sondern nur einem gewissen Teil.)

Lassen sich die äußeren Einflüsse nicht in ihrer Gesamtheit vernachlässigen, sondern nur diejenigen, die über einen gewissen Teil des Randes einwirken (z. B. wenn die Temperatur eines Zylinders nur an einem seiner Enden interessiert), so gelangt man durch entsprechende Abstraktion zu Gebieten G, die zwar unbeschränkt sind, aber nicht den ganzen Raum ausfüllen (z. B.: die Halbgerade $x \geqq 0$ im eindimensionalen Raum; ein Quadrant der x,y-Ebene im zweidimensionalen Raum; ein unendlich langer, auf der x,y-Ebene stehender Zylinder im dreidimensionalen Raum).

Stationäre Prozesse werden i. allg. durch elliptische Dgln. beschrieben. Die gesuchte Funktion hängt nicht von t ab, so daß es sinnlos ist, Anfangsbedingungen zu stellen. Man könnte allerdings daran denken, z. B. für $x = 0$ die Werte von u und u_x vorzuschreiben. Es läßt sich zeigen, daß unter solchen Bedingungen entweder überhaupt keine Lösung existiert oder die Lösung von den für $x = 0$ vorgegebenen Werten nicht stetig abhängt, die Problemstellung also nicht sachgemäß ist. Andererseits scheint es einleuchtend zu sein, daß durch die Vorgabe von Randbedingungen der Zustand in G eindeutig bestimmt ist.

Ist G unbeschränkt, hat man in vielen Fällen an die gesuchte Funktion u noch eine Bedingung für $P \to \infty$ ($P \in G$) zu stellen, um praktisch unbrauchbare Lösungen auszuschließen (meist sind es einfache Beschränktheitsbedingungen).

Je nach Art der vorliegenden Nebenbedingungen spricht man von einem

Anfangswertproblem (AWP), wenn nur Anfangsbedingungen gestellt sind;

Randwertproblem (RWP), wenn nur Randbedingungen auftreten;

Anfangs-Randwertproblem (ARWP), wenn sowohl Anfangs- als auch Randbedingungen erfüllt werden müssen.

Unsere Überlegungen können wir nun wie folgt zusammenfassen: Zu hyperbolischen und parabolischen Dgln. gehören AWP und ARWP, je nachdem, ob G der ganze Raum ist oder nicht. Zu elliptischen Dgln. gehören RWP. Das ist, wie schon gesagt, nur als eine grobe vorläufige Orientierung aufzufassen, und es ist faktisch bei jedem einzelnen Problem nachzuprüfen, ob es tatsächlich sachgemäß gestellt ist.

Alle genannten Problemstellungen bedürfen noch einer Präzisierung. Man kann nicht erwarten, daß $u(P, t)$ auch auf dem Rand von G und für $t = 0$ die p. Dgl. erfüllt. Das liegt daran, daß die Naturgesetze, aus denen eine p. Dgl. hergeleitet ist, zwar in G gelten, aber nicht auf ∂G und nicht beim Start ($t = 0$) eines instationären Prozesses gelten müssen. Es ist aber plausibel zu fordern, daß sich die Anfangs- und Randbedingungen stetig an die Werte der Lösung für $P \in G$ und $t > 0$ anschließen. Es kommt sogar vor, daß $u(P, t)$ für $P \in \partial G$ oder $t = 0$ gar nicht definiert ist, aber die auf ∂G bzw. für $t = 0$ vorgegebenen Werte als Grenzwerte besitzt, wenn P aus G heraus gegen die Randpunkte strebt bzw. für $t \to +0$. Wenn man das berücksichtigt, müßten (4.1) bis (4.3) exakt in der Form

$$\lim_{t \to +0} u(P, t) = f(P), \quad \lim_{t \to +0} u_t(P, t) = g(P), \quad \lim_{P \to Q} u(P, t) = h(Q, t)$$

mit $P \in G$, $Q \in \partial G$ geschrieben werden. Obwohl wir diese, auch in anderen Lehrbüchern nicht übliche, Schreibweise nicht weiter verwenden, sei doch ausdrücklich bemerkt, daß in den folgenden Abschnitten alle Rand- und Anfangsbedingungen in diesem Grenzwertsinne aufzufassen sind. In 4.2.1. bis 4.2.3. werden diese allgemeinen Überlegungen an einem konkreten Beispiel verdeutlicht.

Da die Vielfalt der Probleme weder Existenz- und Eindeutigkeitssätze von umfassender Allgemeinheit noch eine einheitliche Darstellung der Lösungen zuläßt, werden wir uns in den folgenden Abschnitten mit typischen Beispielen befassen, die sich einerseits durch eine relative Einfachheit auszeichnen, andererseits von großem praktischem Interesse sind.

Abschließend sei bemerkt, daß mit der raschen Entwicklung der Rechentechnik auch die numerischen Verfahren zur Lösung p. Dgln. beträchtlich weiter entwickelt wurden und werden, so daß praktische Probleme aus Naturwissenschaft und Technik heute in großem Umfang numerisch auf EDVA gelöst werden. (Damit ist nicht gesagt, daß jedes derartige Problem auch auf diese Weise gelöst werden kann!) Das macht jedoch das Verständnis der bisher und im folgenden dargelegten analytischen Untersuchungen keineswegs überflüssig, sondern dies ist im Gegenteil unverzichtbare Grundlage für die Anwendung numerischer Verfahren. (Die Arbeit mit einem Taschenrechner ist auch nur mit gewissen Grundkenntnissen der Elementarmathematik möglich.)

4.2.   Parabolische Differentialgleichungen

4.2.1.   Die Wärmeleitungsgleichung

Besitzen die Punkte eines physikalischen Körpers K nicht sämtlich dieselbe Temperatur, so findet erfahrungsgemäß in diesem Körper ein Wärmeaustausch derart statt, daß Wärme von Bereichen höherer Temperatur zu solchen niederer Temperatur strömt (Wärmetransport durch Konvektion schließen wir aus). Denkt man sich durch einen *inneren Punkt* P von K ein kleines, ganz in K liegendes Ebenenstück mit dem Flächeninhalt df und der Normalen $\mathbf{n}$ gelegt, so strömt nach dem Fourierschen Gesetz der Wärmelehre durch dieses Ebenenstück in der Zeiteinheit eine Wärmemenge $Q_n \, df$, die proportional df und der Temperaturänderung (dem Temperaturgradienten) in der Normalenrichtung ist:

$$Q_n \, df = -k \frac{\partial u}{\partial \mathbf{n}} \, df. \tag{4.4}$$

Der positive Proportionalitätsfaktor k repräsentiert die Wärmeleitfähigkeit von K im Punkt P und heißt *Wärmeleitzahl*. Sie sei unabhängig von der Richtung des

Wärmeflusses, d. h., wir betrachten einen isotropen Körper K. Das Minuszeichen trägt der Tatsache Rechnung, daß eine (positive) Wärmemenge in Richtung abnehmender Temperatur ($\partial u/\partial \mathbf{n} < 0$) strömt.

Denken wir uns im Innern von K eine geschlossene Fläche $\mathfrak{F}$ mit der Außennormalen $\mathbf{n}$, so ist offenbar die gesamte, in der Zeiteinheit durch $\mathfrak{F}$ von innen nach außen fließende Wärmemenge gleich dem Oberflächenintegral 2. Art (Bd. 5, 6.3.)

$$\int_{\mathfrak{F}} Q_n \, df = - \int_{\mathfrak{F}} k \frac{\partial u}{\partial \mathbf{n}} \, df. \tag{4.5}$$

Dabei schließen wir nicht aus, daß durch Teile von $\mathfrak{F}$ oder auch durch die ganze Fläche $\mathfrak{F}$ Wärme von außen nach innen strömt. Die entsprechenden Integrale über diese Teile von $\mathfrak{F}$ haben dann negative Werte, so daß der Wert des Integrals (4.5) gleich der pro Zeiteinheit ins Außengebiet von $\mathfrak{F}$ abgegebenen Wärmemenge, vermindert um die pro Zeiteinheit ins Innere von $\mathfrak{F}$ strömende Wärmemenge ist. Läßt man, wie es üblich ist, auch negative Wärmemengen zu, kann man in jedem Fall den Wert von (4.5) als die aus dem Innern von $\mathfrak{F}$ ins Äußere strömende Wärmemenge pro Zeiteinheit auffassen.

Durch den Wärmefluß in K ändert sich i. allg. die Temperatur in den Punkten von K. Um den Zusammenhang zwischen Temperaturänderung und Wärmeänderung innerhalb $\mathfrak{F}$ zu erfassen, betrachten wir ein kleines Volumenelement aus dem von $\widetilde{\mathfrak{F}}$ begrenzten Raumbereich B mit dem Volumen db und der Masse $dm = \varrho \, db$ (ϱ mittlere Dichte) in einem Zeitintervall $(t, t + dt)$. Nach einem bekannten physikalischen Gesetz muß für eine Erhöhung der Temperatur des Volumenelements um du im angegebenen Zeitintervall eine Wärmemenge aufgebracht werden, die proportional zu du und dm ist, also den Wert

$$\gamma \, du \, dm \approx \gamma \varrho u_t \, dt \, db \tag{4.6}$$

mit einem als *spezifische Wärme* bezeichneten Proportionalitätsfaktor γ besitzt. Die Näherung ist um so genauer, je kleiner dt ist. Denkt man sich B in solche Volumenelemente zerlegt, addiert die zugehörigen Wärmemengen (4.6) und läßt die Inhalte der Volumenelemente gegen null streben, so erhält man für die der Temperaturänderung du in B adäquate Wärmemengenänderung pro Zeiteinheit das räumliche Bereichsintegral (Bd. 5, 3.)

$$\int_B \gamma \varrho u_t \, db. \tag{4.7}$$

Wenn in B weder Wärme erzeugt noch verbraucht wird (z. B. durch elektrischen Strom oder chemische Prozesse), muß die für die Temperaturänderung in B erforderliche Wärmemenge vollständig durch die Oberfläche $\mathfrak{F}$ ab- bzw. zugeführt werden (Energieerhaltungssatz), so daß nach (4.5) und (4.7) gilt:

$$- \int_B \gamma \varrho u_t \, db = \int_{\mathfrak{F}} Q_n \, df = - \int_{\mathfrak{F}} k \frac{\partial u}{\partial \mathbf{n}} \, df. \tag{4.8}$$

Dabei wird durch das Minuszeichen auf der linken Seite der Umstand berücksichtigt, daß mit einer Temperatursenkung ($u_t < 0$) eine Abgabe von Wärme ins Äußere von $\mathfrak{F}$ verbunden ist und umgekehrt.

Befinden sich in B Wärmequellen (Erzeuger) oder -senken (Verbraucher), so ist die entsprechende Wärmemengenänderung auf der linken Seite von (4.8) zu addieren:

$$\int_B F(x, y, z, t) \, db - \int_B \gamma \varrho u_t \, db = - \int_{\mathfrak{F}} k \frac{\partial u}{\partial \mathbf{n}} \, df. \tag{4.9}$$

Die als *Quelldichte* bezeichnete Funktion F gibt die im Punkt (x, y, z) zum Zeitpunkt t pro Volumen- und Zeiteinheit frei werdende ($F > 0$) oder verbrauchte ($F < 0$) Wärmemenge an. Man nennt (4.9) auch *integrale Form der Wärmeleitüngsgleichung*.

Bisher haben wir stillschweigend angenommen, daß alle auftretenden Integrale und Ableitungen existieren. Wollen wir (4.9) in eine p. Dgl. überführen, müssen wir weitere Voraussetzungen machen, die aber bei praktischen Problemen i. allg. als erfüllt angenommen werden können. Wir setzen voraus, daß im Innern von K alle in (4.9) auftretenden Größen ($F, \gamma, \varrho, u_t, \partial u/\partial \mathbf{n}$) stetig sind und außerdem k stetige partielle Ableitungen 1. Ordnung sowie u stetige partielle Ableitungen 2. Ordnung nach den Ortskoordinaten x, y, z besitzen. Dann kann zunächst mit Hilfe des Gaußschen Integralsatzes (Bd. 5, 7.2.) die rechte Seite von (4.9) in ein räumliches Bereichsintegral verwandelt werden:

$$\int\limits_{\mathfrak{F}} k \frac{\partial u}{\partial \mathbf{n}}\, df = \int\limits_{\mathfrak{F}} k(\operatorname{grad} u \cdot \mathbf{n})\, df = \int\limits_{B} \operatorname{div}(k\,\operatorname{grad} u)\, db,$$

so daß man aus (4.9)

$$\int\limits_{B} \{F - \gamma\varrho u_t + \operatorname{div}(k\,\operatorname{grad} u)\}\, db = 0 \tag{4.10}$$

erhält. Da $\mathfrak{F}$ und damit B innerhalb K ganz beliebig sein können, muß der Integrand in jedem inneren Punkt von K gleich null sein. Andernfalls wäre er nicht nur in einem einzigen Punkt $P_0 \in K$ von null verschieden, sondern aus Stetigkeitsgründen auch noch in einer genügend kleinen Kugel um P_0. Für diese Kugel wäre (4.10) nicht erfüllt. Somit haben wir die **Wärmeleitungsgleichung** in ihrer allgemeinsten Form erhalten:

$$\gamma\varrho u_t = \operatorname{div}(k\,\operatorname{grad} u) + F. \tag{4.11}$$

Die Koeffizienten γ, ϱ und k sind i. allg. ortsabhängige Funktionen, γ und k hängen schwach von u ab (d. h., bei nur kleinen Temperaturdifferenzen kann diese Abhängigkeit vernachlässigt werden); auch F kann von u abhängen, so daß (4.11) eine quasilineare Dgl. 2. Ordnung ist. (Prüfen Sie das an Hand der Definition 1.5 nach!)

4.2.2. Spezialfälle

Bei nicht zu großen Temperaturdifferenzen in K können γ und k als von u unabhängig angenommen werden. Hängt auch F nicht von u ab, ist (4.11) eine lineare p. Dgl. Im einfachsten und zugleich wichtigsten Fall eines homogenen Körpers K sind γ, ϱ und k konstant, so daß sich (4.11) wegen $\operatorname{div} \operatorname{grad} u = \Delta u$ zu

$$u_t = a^2\, \Delta u + f \tag{4.12}$$

mit $a^2 = k/(\gamma\varrho)$ (*Temperaturleitzahl*) und $f = F/(\gamma\varrho)$ vereinfacht.

Ist u unabhängig von t ($u = u(x, y, z)$, $u_t \equiv 0$), so liegt eine *stationäre* Temperaturverteilung vor, die bei einem homogenen Körper der **Poissonschen Dgl.**

$$\Delta u = -\frac{1}{a^2} f(x, y, z) \tag{4.13}$$

oder, wenn weder Wärmequellen noch -senken in K vorhanden sind ($f \equiv 0$), der **Laplaceschen** oder **Potentialgleichung**

$$\Delta u = 0 \tag{4.14}$$

genügt (s. 4.4.).

Man spricht von einem *zweidimensionalen Problem*, wenn u nur von zwei Ortskoordinaten abhängt, also z. B. $u = u(x, y, t)$ ist. Ein adäquates physikalisches Modell ist ein unendlich langer Zylinder, dessen Mantellinien zur z-Achse parallele Geraden sind und dessen Temperatur zu jedem Zeitpunkt t in allen Punkten jeder zur z-Achse parallelen Geraden konstant ist. Die p. Dgl. (4.12) reduziert sich dann auf

$$u_t = a^2(u_{xx} + u_{yy}) + f(x, y, t). \tag{4.15}$$

Hängt u nur von einer der Ortsvariablen, z. B. von x, ab, so liegt ein *eindimensionales Problem* vor, das man sich durch eine unendlich ausgedehnte Platte mit zur y,z-Ebene parallelen Begrenzungsebenen und derselben Temperatur in den Punkten jeder zur y,z-Ebene parallelen Ebene realisiert denken kann. Die zugehörige p. Dgl. ist

$$u_t = a^2 u_{xx} + f(x, t). \tag{4.16}$$

Da sich bei der numerischen Lösung einer p. Dgl. der Rechenaufwand mit wachsender Zahl der unabhängigen Variablen potenziert, ist es von größter Wichtigkeit und oft sogar von entscheidender Bedeutung für die numerische Bewältigung des Lösungsverfahrens in einer vertretbaren Zeit, daß die Dimension so klein wie möglich gehalten wird. Das kann man bei vielen praktischen Aufgaben durch geeignete Idealisierungen (Vernachlässigung unwesentlicher Aspekte) erreichen, die aber natürlich nur so weit getrieben werden dürfen, daß die Lösung des idealisierten Problems noch die für den Anwender erforderliche Aussagekraft besitzt. Hier ist in der Praxis eine enge Zusammenarbeit von Praktiker und Mathematiker unumgänglich.

Wir erwähnen noch, daß man bei *Diffusionsprozessen* (K ist ungleichmäßig mit einem Gas gefüllt) zu formal völlig analogen Gleichungen wie bei der Wärmeleitung kommt. Dabei ist u die orts- und zeitabhängige Konzentration des Gases in K, statt der Wärmeleitzahl k steht der *Diffusionskoeffizient D*, und $\gamma\varrho$ ist zu ersetzen durch den *Porösitätskoeffizienten c*. Die *Diffusionsgleichung* in ihrer allgemeinsten Form lautet also

$$cu_t = \mathrm{div}(D \,\mathrm{grad}\, u) + F, \tag{4.17}$$

wobei $F = F(x, y, z, t)$ angibt, welche Menge des Gases pro Zeit- und Volumeneinheit in K entsteht oder verbraucht wird.

Auch bei anderen physikalischen Sachverhalten wird man auf ähnliche parabolische Dgln. geführt, worauf aber hier nicht weiter eingegangen werden kann.

4.2.3. Anfangs- und Randbedingungen

Wie wir bereits wissen, wird durch die Wärmeleitungsgleichung die Temperaturverteilung in einem Körper K noch nicht eindeutig bestimmt. Es ist klar, daß die Temperaturverteilung zu Beginn des Prozesses ($t = 0$)

$$u(x, y, z, 0) = \varphi(x, y, z) \quad \text{für alle } (x, y, z) \in K \tag{4.18}$$

(φ bekannt) sowie der Einfluß des den Körper umgebenden Mediums in die Rechnung (in das *mathematische Modell*) einbezogen werden müssen. Im allgemeinen findet an der Oberfläche ∂K ein Wärmeaustausch mit der Umgebung statt, der nach dem Newtonschen Abkühlungsgesetz proportional der Differenz zwischen Umgebungs- und Oberflächentemperatur ist. Deshalb ist die durch ein kleines Oberflächenelement mit dem Flächeninhalt df pro Zeiteinheit ins Außengebiet von K abgegebene (bzw. von K aufgenommene) Wärmemenge

$$dQ = \alpha(u - u_0)\, df, \tag{4.19}$$

wobei u die (mittlere) Temperatur des Oberflächenelements, u_0 die dort herrschende (mittlere) Umgebungstemperatur und α ein Proportionalitätsfaktor (*Wärmeübergangszahl*) ist. Denkt man sich das Oberflächenelement ein winziges Stück parallel zu sich selbst ins Innere von K verschoben, so gilt für die hindurchtretende Wärmemenge (4.4). Offenbar weicht sie um so weniger von dQ ab, je kleiner die Verschiebung ist, so daß man in der Grenze die Größen (4.4) und (4.19) gleichsetzen kann. Dividiert man die so entstandene Gleichung noch durch $k\, df$ und setzt $h = \alpha/k$ (*relative Wärmeübergangszahl*), so erhält man die Randbedingung

$$\frac{\partial u}{\partial \mathbf{n}} + h(u - u_0) = 0 \quad \text{für alle } P \in \partial K \quad (t \geqq 0), \tag{4.20}$$

die, wie aus der Herleitung hervorgeht, im Sinne eines Grenzwerts bei Annäherung an den Rand ∂K aus dem Inneren von K heraus zu verstehen ist (vgl. 4.1.). Man bezeichnet (4.20) als eine **Randbedingung 3. Art**, wenn $0 < h < \infty$ ist, und schreibt sie auch in der Form

$$\frac{1}{h}\frac{\partial u}{\partial \mathbf{n}} + u \bigg|_{\partial K} = u_0 \quad (t \geqq 0). \tag{4.20'}$$

Eine **Randbedingung 1. Art** liegt vor, wenn die Oberfläche ∂K auf einer vorgeschriegenen (i. allg. örtlich und zeitlich veränderlichen) Temperatur $u_0 = u_0(x, y, z, t)$ behalten wird:

$$u\,|_{\partial K} = u_0(x, y, z, t) \quad (t \geqq 0). \tag{4.21}$$

Sie kann aus (4.20') durch den Grenzübergang $h \to \infty$ erhalten werden.

Ist der ins Äußere von K tretende Wärmestrom an jeder Stelle von ∂K zu jedem Zeitpunkt $t \geqq 0$ vorgeschrieben (d. h. in (4.19) die Größe $\alpha(u - u_0)$), so handelt es sich um eine **Randbedingung 2. Art**:

$$\frac{\partial u}{\partial \mathbf{n}}\bigg|_{\partial K} = \varphi(x, y, z, t) \quad (t \geqq 0). \tag{4.22}$$

Ist K wärmeisoliert, also $\psi \equiv 0$, so folgt (4.22) aus (4.20) für $h(= \alpha) = 0$.

Natürlich können die Randbedingungen auf Teiloberflächen von K auch verschiedener Art sein. Solche **gemischten Randbedingungen** werden wir hier nicht betrachten.

Man nennt die Randbedingungen **homogen**, wenn die rechten Seiten in (4.20') bzw. (4.21) bzw. (4.22) identisch gleich null sind.

Je nach Art der gestellten Randbedingungen liegt nun ein **ARWP 1. oder 2. oder 3. Art** vor, wenn eine Funktion u zu bestimmen ist, die die nachfolgenden Bedingungen erfüllt. (Statt von einem physikalischen Körper K sprechen wir jetzt präziser von einem abgeschlossenen Bereich $\bar{G} = G \cup \partial G$, wobei G ein Gebiet bezeichnet, das wir bisher „Inneres von K" genannt haben. In den obigen Formeln kann ∂K einfach durch ∂G ersetzt werden.)

1. Die Funktion u ist im abgeschlossenen Bereich $\bar{G}$ und für $t \geq 0$ stetig;
2. sie ist in G für $t > 0$ Lösung der p. Dgl. (4.11) oder (4.12);
3. sie erfüllt in $\bar{G}$ die Anfangsbedingung (4.18);
4. sie erfüllt die jeweilige Randbedingung auf ∂G.

Die 1. Bedingung läßt sich bei einem ARWP 1. Art natürlich nur erfüllen, wenn die Anfangstemperaturverteilung φ in $\bar{G}$ sowie die vorgeschriebene Oberflächentemperatur u_0 auf ∂G für $t \geq 0$ stetig sind. Außerdem muß offenbar zwischen diesen beiden Funktionen die **Verträglichkeits-** oder **Übergangsbedingung** $u_0(x, y, z, 0)$ $= \varphi(x, y, z)$ für alle Punkte von ∂G gelten. Entsprechende Stetigkeits- und Verträglichkeitsbedingungen sind auch bei den anderen ARWP zu stellen, worauf wir hier verzichten. Wir können ebenfalls nur mitteilen, daß diese ARWP i. allg. korrekt im Sinne des Abschnitts 1.4. gestellt sind (d. h. unter gewissen, nicht sehr einschränkenden Voraussetzungen über die Koeffizienten der Dgl., F bzw. f, u_0, h, φ, ψ und das Gebiet G). Wir begnügen uns damit, an Hand eines einfachen Beispiels den Weg zur Berechnung der Lösung aufzuzeigen (s. 4.2.4. bis 4.2.6.).

Ist G der ganze Raum, so entfallen die Randbedingungen (s. 4.1.), und es liegt ein reines AWP vor. Andererseits erhält man ein reines RWP, wenn die Temperaturverteilung stationär ist, denn eine vorgegebene Anfangstemperaturverteilung wäre ja bereits, da sie sich nicht mehr ändert, die „gesuchte" Lösung. Solche RWP für die Gleichungen (4.13) und (4.14) werden in 4.4. behandelt.

Abschließend weisen wir noch darauf hin, daß die obigen Formulierungen der ARWP, AWP und RWP auch für den ein- und zweidimensionalen Fall (s. 4.2.2.) gültig sind, wobei dann G ein Gebiet in einer Koordinatenebene bzw. ein Intervall auf einer Koordinatenachse ist und ∂G die Randkurve bzw. die Endpunkte des Intervalls bezeichnet. Im eindimensionalen Fall ist $\partial u / \partial \mathbf{n}_{\partial G}$ durch die partiellen Ableitungen von u in der betreffenden Achsenrichtung an den Endpunkten des Intervalls zu ersetzen. Machen Sie sich das an Hand der physikalischen Modelle aus 4.2.2. klar!

4.2.4. Das 1. ARWP für einen endlich langen homogenen Stab

Wir betrachten einen homogenen Stab der Länge l, der auf dem Intervall $[0, l]$ der x-Achse liegt. Seine Mantelfläche sei wärmeisoliert. Dann kann man bei genügend kleiner Querschnittsfläche annehmen, daß die Temperatur in jedem Querschnitt zu jedem Zeitpunkt konstant ist, also nicht von y und z abhängt: $u = u(x, t)$. Wärme fließt also nur parallel zur x-Achse, so daß die der Wärmeisolierung der Mantelfläche entsprechende Randbedingung ($\partial u / \partial \mathbf{n} = 0$ in allen Punkten der Mantelfläche) von vornherein erfüllt ist und deshalb nicht weiter berücksichtigt werden muß. An den seitlichen Begrenzungsflächen des Stabes soll der Temperaturverlauf vorgeschrieben sein:

$$u(0, t) = \psi_1(t), \quad u(l, t) = \psi_2(t) \quad (t \geq 0). \tag{4.23}$$

Damit liegt das folgende ARWP 1. Art vor, das man auch als **lineares ARWP 1. Art** bezeichnet:

Dgl.: $u_t = a^2 u_{xx} + f(x, t) \quad (0 < x < l, t > 0)$;

Anfangsbedingung: $\quad u(x, 0) = \varphi(x) \quad (0 \leq x \leq l)$;

Randbedingungen 1. Art: (4.23).

Bevor wir an die Lösung dieser Aufgabe gehen, berechnen wir im nachfolgenden Abschnitt die Lösung eines Spezialfalles, und zwar des entsprechenden homogenen linearen 1. ARWP mit $f = 0$ und $\psi_1 = \psi_2 = 0$ (homogene Dgl. und homogene Randbedingungen).

4.2.5. Lösung des homogenen linearen 1. ARWP

Den Lösungsweg für das am Ende des vorigen Abschnitts formulierte Problem zerlegen wir in Einzelschritte.

1. Schritt: Bestimmung partikulärer Lösungen der homogenen Dgl. durch den Produktansatz

$$u(x, t) = X(x)\, T(t).$$

Durch Einsetzen in die homogene Dgl. erhält man

$$T'(t)\, X(x) = a^2 T(t)\, X''(x) \Rightarrow T'/a^2 T = X''/X = \lambda,$$

also für $T(t)$ und $X(x)$ die gewöhnlichen Dgln.

$$T'(t) - a^2 \lambda T(t) = 0, \quad X''(x) - \lambda X(x) = 0$$

mit den allgemeinen Lösungen

$$X(x) = \begin{cases} A_1 x + A_2 & \text{für} \quad \lambda = 0, \\ A_1 \mathrm{e}^{\sqrt{\lambda}\, x} + A_2 \mathrm{e}^{-\sqrt{\lambda}\, x} & \text{für} \quad \lambda > 0, \quad T(t) = A \mathrm{e}^{\lambda a^2 t}, \\ A_1 \sin\left(\sqrt{-\lambda}\, x\right) + A_2 \cos\left(\sqrt{-\lambda}\, x\right) & \text{für} \quad \lambda < 0. \end{cases}$$

Aus ihnen erhält man die Lösungen (mit $B_1 = A_1 A$, $B_2 = A_2 A$ beliebig):

$$u(x, t) = \begin{cases} B_1 x + B_2 & \text{für} \quad \lambda = 0, \\ \left(B_1 \mathrm{e}^{\sqrt{\lambda}\, x} + B_2 \mathrm{e}^{-\sqrt{\lambda}\, a}\right) \mathrm{e}^{\lambda a^2 t} & \text{für} \quad \lambda > 0, \\ \left(B_1 \sin\left(\sqrt{-\lambda}\, x\right) + B_2 \cos\left(\sqrt{-\lambda}\, x\right)\right) \mathrm{e}^{\lambda a^2 t} & \text{für} \quad \lambda < 0. \end{cases}$$

2. Schritt: Anpassung der Lösungen an die homogenen Randbedingungen.
Durch Einsetzen der Lösungen in die homogenen Randbedingungen erhält man:

für $\lambda = 0$ $u(0, t) = B_2 = 0,\ u(l, t) = B_1 l + B_2 = 0 \Rightarrow B_1 = B_2 = 0;$

für $\lambda > 0$ $u(0, t) = (B_1 + B_2)\, \mathrm{e}^{\lambda a^2 t} = 0 \Rightarrow B_2 = -B_1 \Rightarrow$

$$u(l, t) = B_1 \left(\mathrm{e}^{\sqrt{\lambda}\, l} - \mathrm{e}^{-\sqrt{\lambda}\, l}\right) \mathrm{e}^{\lambda a^2 t} = 0 \Rightarrow B_1 = B_2 = 0;$$

für $\lambda < 0$ $u(0, t) = B_2 \mathrm{e}^{\lambda a^2 t} = 0 \Rightarrow B_2 = 0 \Rightarrow$

$$u(l, t) = B_1 \sin\left(\sqrt{-\lambda}\, l\right) \mathrm{e}^{\lambda a^2 t} = 0 \Rightarrow B_1 = 0 \quad \text{oder} \quad \sin\left(\sqrt{-\lambda}\, l\right) = 0.$$

Für $\lambda \geq 0$ erfüllt wegen $B_1 = B_2 = 0$ nur die triviale Lösung die Randbedingungen. Für $\lambda < 0$ gibt es auch nichttriviale Lösungen, denn

$$\sin\left(\sqrt{-\lambda}\, l\right) = 0 \Leftrightarrow \sqrt{-\lambda}\, l = n\pi \quad (n = 0,\ \pm 1,\ \pm 2, \ldots) \Rightarrow \lambda_n = -n^2 \pi^2 / l^2,$$

und für jede der als **Eigenwerte** des Problems bezeichneten Zahlen λ_n (außer $\lambda_0 = 0$) gibt es eine **Eigenfunktion**

$$u_n(x, t) = C_n \sin\frac{n\pi x}{l}\, \mathrm{e}^{-n^2 \pi^2 a^2 t / l^2} \quad (n = 1, 2, \ldots), \tag{4.24}$$

die die Dgl. und die Randbedingungen erfüllt. Man erhält sie aus der oben für $\lambda < 0$ angegebenen Lösung, indem man $B_2 = 0$ setzt und für λ die Eigenwerte λ_n einsetzt. Die frei bleibende Konstante beim Sinus kann natürlich für jede Lösung einen anderen Wert haben, so daß wir sie mit C_n bezeichnet haben. Da zu zwei ganzen Zahlen n und $-n$ die zugehörigen Eigenfunktionen sich nur um das Vorzeichen unterscheiden (was wegen der freien Konstanten C_n unwesentlich ist), haben wir in (4.24) als Indexmenge nur die natürlichen Zahlen angegeben. Der nächste Schritt besteht nun darin, aus den $u_n(x, t)$ eine Lösung zu konstruieren, die neben der homogenen Dgl. und den homogenen Randbedingungen auch die Anfangsbedingung erfüllt.

3. Schritt: Erfüllung der Anfangsbedingung mittels Reihenansatz *(Fouriersche Methode)*.

Zunächst könnte man daran denken, aus den Eigenfunktionen eine herauszusuchen, die mit einer geeigneten Konstanten C_n auch die Anfangsbedingung erfüllt. Das würde auf die Gleichung $u_n(x, 0) = C_n \sin \dfrac{n\pi x}{l} = \varphi(x)$ führen, die offenbar nur erfüllt ist, wenn $\varphi(x)$ ein Vielfaches von $\sin \dfrac{n\pi x}{l}$ ist. Deshalb macht man den allgemeinen Ansatz (vgl. 3.5.3.)

$$u(x, t) = \sum_{n=1}^{\infty} u_n(x, t) = \sum_{n=1}^{\infty} C_n \sin \frac{n\pi x}{l} \, \mathrm{e}^{-n^2\pi^2 a^2 t/l^2} \tag{4.25}$$

und versucht, die freien Konstanten C_n so zu bestimmen, daß $u(x, t)$ neben der Dgl. und den Randbedingungen auch die Anfangsbedingung

$$u(x, 0) = \sum_{n=1}^{\infty} C_n \sin \frac{n\pi x}{l} = \varphi(x) \qquad (0 \leq x \leq l) \tag{4.26}$$

erfüllt. Wenn man voraussetzt, daß sich $\varphi(x)$ in $0 \leq x \leq l$ in eine Fourier-Reihe nach Sinusfunktionen entwickeln läßt (s. Bd. 3, 5.4.), gilt (4.26) mit den Werten

$$C_n = \frac{2}{l} \int_0^l \varphi(\xi) \sin \frac{n\pi\xi}{l} \, \mathrm{d}\xi \qquad (n = 1, 2, ...). \tag{4.27}$$

4. Schritt: Nachweis, daß $u(x, t)$ Lösung des homogenen ARWP ist.

Es muß noch nachgewiesen werden, daß die Reihe (4.25) mit den Werten (4.27) für die C_n in $0 \leq x \leq l$, $t \geq 0$ eine stetige Funktion $u(x, t)$ darstellt, die in $0 < x < l$, $t > 0$ Lösung der Dgl. ist und die Nebenbedingungen erfüllt. Es ist sofort einzusehen, daß $u(x, t)$ die Randbedingungen erfüllt, denn jedes Glied der Reihe erfüllt sie (setzen Sie in die Reihe $x = 0$ und $x = l$ ein!). Wegen unserer Voraussetzung über $\varphi(x)$ gilt (4.26), und folglich erfüllt $u(x, t)$ auch die Anfangsbedingung. Wenn die Reihe (4.25) in $0 \leq x \leq l$, $t \geq 0$ gleichmäßig konvergiert, stellt sie dort eine stetige Funktion dar. Wenn die Reihe in $0 < x < l$, $t > 0$ einmal gliedweise nach t und zweimal gliedweise nach x differenzierbar ist, ist $u(x, t)$ dort Lösung der Dgl. (s. 3.5.3.). Dafür ist hinreichend, daß die durch diese gliedweisen Differentiationen erhaltene Reihe (rechnen Sie das aus!)

$$-\sum_{n=1}^{\infty} C_n \left(\frac{n\pi}{l}\right)^2 \sin \frac{n\pi x}{l} \, \mathrm{e}^{-n^2\pi^2 a^2 t/l^2} \tag{4.28}$$

in jedem abgeschlossenen Teilbereich $\varepsilon \leq x \leq l - \varepsilon$, $t_0 \leq t \leq t_1$ mit beliebig kleinen $\varepsilon > 0$ und $t_0 > 0$ und beliebig großem t_1 gleichmäßig konvergiert. Es bleibt also die gleichmäßige Konvergenz der Reihen (4.25) und (4.28) zu beweisen, was man mittels des Kriteriums von Weierstraß und unter Verwendung von Abschätzungen der C_n (Bd. 3, 5.7.) tun kann. Wir wollen darauf verzichten.

Ergebnis: Ist $\varphi(x)$ in $0 \leq x \leq l$ stetig und in eine Fourier-Reihe nach Sinusfunktionen entwickelbar (dafür ist die Stetigkeit von $\varphi'(x)$ in diesem Intervall hinreichend, vgl. Band 3, 5.3.) sowie $\varphi(0) = \varphi(l) = 0$, so ist

$$u(x, t) = \sum_{n=1}^{\infty} C_n \sin \frac{n\pi x}{l} e^{-n^2\pi^2 a^2 t/l^2} \quad \text{mit} \quad C_n = \frac{2}{l} \int_0^l \varphi(\xi) \sin \frac{n\pi\xi}{l} \, d\xi \tag{4.29}$$

stetig für $0 \leq x \leq l$, $t \geq 0$, für $0 < x < l$, $t > 0$ Lösung von $u_t = a^2 u_{xx}$ und erfüllt sowohl die Anfangsbedingung $u(x, 0) = \varphi(x)$ als auch die Randbedingungen $u(0, t) = u(l, t) = 0$. Man kann außerdem beweisen, daß diese Funktion die einzige Lösung ist.

Wir wollen der Lösung (4.29) noch eine etwas einfachere Gestalt geben und setzen zu diesem Zweck die Darstellung der C_n in die Reihe für $u(x, t)$ ein. Vertauscht man noch die Reihenfolge von Summation und Integration (was, wie man beweisen kann, erlaubt ist, vgl. Band 3, 3.3.2.), so erhält man

$$u(x, t) = \int_0^l \left[\frac{2}{l} \sum_{n=1}^{\infty} e^{-n^2\pi^2 a^2 t/l^2} \sin \frac{n\pi x}{l} \sin \frac{n\pi\xi}{l} \right] \varphi(\xi) \, d\xi.$$

Mit der Bezeichnung

$$G(x, \xi, t) = \frac{2}{l} \sum_{n=1}^{\infty} e^{-n^2\pi^2 a^2 t/l^2} \sin \frac{n\pi x}{l} \sin \frac{n\pi\xi}{l} \tag{4.30}$$

können wir nun einfach schreiben

$$u(x, t) = \int_0^l G(x, \xi, t) \, \varphi(\xi) \, d\xi. \tag{4.29 a}$$

Die Funktion $G(x, \xi, t)$ heißt **Greensche Funktion** des 1. RWP der Dgl. $u_t = a^2 u_{xx}$. Sie ist unabhängig von der Anfangsbedingung $u(x, 0) = \varphi(x)$. Wir werden sehen, daß sie auch bei dem allgemeinen 1. ARWP eine wichtige Rolle spielt.

Nun noch einige Bemerkungen zur Lösung des homogenen 1. ARWP für einen nicht homogenen Stab, d. h. für die p. Dgl. $\gamma\varrho u_t = (k u_x)_x$ (s. (4.11)). Man kann dabei im Prinzip genau so vorgehen wie beim homogenen Stab, erhält aber durch den Produktansatz für $X(x)$ die schwieriger zu lösende gewöhnliche Dgl.

$$[k(x)X'(x)]' - \lambda\gamma(x)\,\varrho(x)\,X(x) = 0.$$

Die Bestimmung von Lösungen $X(x)$, die die Randbedingungen $X(0) = X(l) = 0$ erfüllen, ist ein Randwertproblem vom *Sturm-Liouvilleschen Typ*. Die Berechnung der Eigenwerte ist nicht mehr so einfach wie in dem von uns gelösten Fall, die Eigenfunktionen sind keine elementaren Funktionen, und der (4.25) entsprechende Reihenansatz bei Anpassung an die Anfangsbedingung führt deshalb nicht auf eine gewöhnliche Fourier-Reihe (vgl. [1]).

* *Aufgabe 4.1:* Lösen Sie das homogene 2. ARWP der Wärmeleitungsgleichung $u_t = u_{xx}$ ($0 \leq x \leq \pi$, $t \geq 0$) (mit den Randbedingungen $u_x(0, t) = 0$, $u_x(\pi, t) = 0$) unter der Anfangsbedingung $u(x, 0) = \cos^2 x$! (Hinweise: Die Lösung läßt sich in denselben Schritten wie beim homogenen 1. ARWP berechnen. Beachten Sie $\cos^2 x = (1 + \cos 2x)/2$!)

4.2.6. Das allgemeine lineare 1. ARWP der inhomogenen Wärmeleitungsgleichung

Gesucht ist die Lösung des in 4.2.4. aufgestellten Problems. Diese Aufgabe läßt sich in Teilaufgaben zerlegen und die Lösung aus jenen der Teilaufgaben zusammensetzen.

4.2.6.1. Homogene Anfangs- und Randbedingungen

Es soll $\varphi(x) = \psi_1(t) = \psi_2(t) = 0$ sein, so daß damit die Nebenbedingungen lauten: $u(x, 0) = 0$, $u(0, t) = u(l, t) = 0$. Wir wissen aus Abschnitt 4.2.5., daß die Funktionen

$$u_n(x, t) = \sin \frac{n\pi x}{l} \, e^{-n^2\pi^2 a^2 t/l^2}$$ die zugehörige homogene Dgl. $u_t = a^2 u_{xx}$ und die homogenen Randbedingungen erfüllen. Ähnlich wie bei der Methode der Variation der Konstanten bei linearen gewöhnlichen Dgln. machen wir zur Bestimmung von Lösungen der inhomogenen Wärmeleitungsgleichung einen Ansatz mit unbekannten Funktionen $v_n(t)$ (vgl. den Ansatz (4.25); statt der C_n setzen wir $v_n(t)$):

$$\begin{aligned} u(x, t) &= \sum_{n=1}^{\infty} v_n(t) \sin \frac{n\pi x}{l} \, e^{-n^2\pi^2 a^2 t/l^2} \\ &= \sum_{n=1}^{\infty} \tilde{u}_n(t) \sin \frac{n\pi x}{l}, \end{aligned} \tag{4.31}$$

wobei zur Vereinfachung die $v_n(t)$ mit den (nur von t abhängenden) Exponentialfunktionen zu neuen (ebenfalls unbekannten) Funktionen $\tilde{u}_n(t)$ zusammengezogen sind. Jede durch eine Reihe (4.31) dargestellte Funktion erfüllt offenbar die homogenen Randbedingungen. Sie erfüllt auch die Anfangsbedingung

$$u(x, 0) = \sum_{n=1}^{\infty} \tilde{u}_n(0) \sin \frac{n\pi x}{l} = 0,$$

wenn die $\tilde{u}_n(t)$ den (Anfangs-) Bedingungen $\tilde{u}_n(0) = 0$ genügen. Nun müssen die $\tilde{u}_n(t)$ noch so bestimmt werden, daß $u(x, t)$ Lösung der inhomogenen p. Dgl. ist. Das hierbei anzuwendende Verfahren erfordert die Voraussetzung, daß sich $f(x, t)$ als Funktion von x (t wird als Parameter angesehen) in $0 < x < l$ in eine Fourier-Reihe nach Sinusfunktionen entwickeln läßt:

$$f(x, t) = \sum_{n=1}^{\infty} f_n(t) \sin \frac{n\pi x}{l} \quad \text{mit} \quad f_n(t) = \frac{2}{l} \int_0^l f(\xi, t) \sin \frac{n\pi \xi}{l} \, d\xi. \tag{4.32}$$

Setzt man die Entwicklungen (4.31) und (4.32) in die p. Dgl. ein, so erhält man durch formale Rechnung

$$\sum_{n=1}^{\infty} \sin \frac{n\pi x}{l} \left[\left(\frac{n\pi a}{l} \right)^2 \tilde{u}_n(t) + \tilde{u}_n{}'(t) - f_n(t) \right] = 0$$

Diese Gleichung ist gewiß erfüllt, wenn die $\tilde{u}_n(t)$ Lösungen der gewöhnlichen linearen inhomogenen Dgln.

$$\tilde{u}_n{}'(t) + \left(\frac{n\pi a}{l} \right)^2 \tilde{u}_n(t) = f_n(t) \quad (n = 1, 2, \ldots)$$

sind. Diese Lösungen lassen sich leicht berechnen (s. Bd. 7/1, 2.3.2.) und lauten unter Berücksichtigung der Anfangsbedingung $\tilde{u}_n(0) = 0$

$$\tilde{u}_n(t) = \int\limits_0^t \exp\left[-\left(\frac{n\pi a}{l}\right)^2 (t - \tau)\right] f_n(\tau)\, d\tau.$$

Setzt man hier für $f_n(t)$ den Ausdruck aus (4.32) und anschließend $\tilde{u}_n(t)$ in (4.31) ein, so erhält man durch Vertauschung der Reihenfolge von Integration und Summation

$$u(x, t) = \int\limits_0^t \int\limits_0^l \left\{\frac{2}{l} \sum_{n=1}^\infty \exp\left[-\left(\frac{n\pi a}{l}\right)^2 (t - \tau)\right] \sin\frac{n\pi x}{l} \sin\frac{n\pi \xi}{l}\right\} f(\xi, \tau)\, d\xi\, d\tau. \tag{4.33}$$

In den geschweiften Klammern erkennen wir unsere Greensche Funktion G aus (4.30) wieder, allerdings von $t - \tau$ statt von t abhängend, so daß für (4.33) kürzer geschrieben werden kann

$$u(x, t) = \int\limits_0^t \int\limits_0^l G(x, \xi, t - \tau) f(\xi, \tau)\, d\xi\, d\tau. \tag{4.34}$$

Da alle Rechnungen, die uns zu dieser Formel führten, rein formalen Charakter trugen (wir haben uns um keine Konvergenzfragen gekümmert, was auch gar nicht möglich war; denn die Reihenglieder waren ja unbekannte Funktionen, die erst bestimmt werden mußten), müßte jetzt noch geprüft werden, ob die erhaltene Funktion $u(x, t)$ tatsächlich Lösung der inhomogenen Wärmeleitungsgleichung ist und die homogenen Anfangs- und Randbedingungen erfüllt. Darauf und auf den Nachweis, daß dies die einzige Lösung des Problems ist, verzichten wir.

4.2.6.2. *Inhomogene Anfangs-, homogene Randbedingungen*

Bezeichnen wir zur besseren Unterscheidung die Funktion u aus (4.29) bzw. (4.29 a) mit $u^*(x, t)$ und die Funktion u in (4.34) mit $u^{**}(x, t)$, so ist ihre Summe

$$u(x, t) = u^*(x, t) + u^{**}(x, t) \tag{4.35}$$

Lösung der inhomogenen p. Dgl. $u_t = a^2 u_{xx} + f(x, t)$, erfüllt die Anfangsbedingung $u(x, 0) = \varphi(x)$ und die Randbedingungen $u(0, t) = u(l, t) = 0$, was sich durch Einsetzen unmittelbar nachprüfen läßt. Ursache dafür ist die Linearität der Dgl. und der Nebenbedingungen. Führen Sie die Probe aus!

4.2.6.3. *Inhomogene Anfangs- und Randbedingungen*

Das allgemeine 1. ARWP läßt sich zurückführen auf ein 1. ARWP mit homogenen Randbedingungen, dessen Lösung die Form (4.35) hat und die deshalb jetzt als bekannt anzusehen ist. Zu diesem Zweck führen wir für $u(x, t)$ eine neue unbekannte Funktion $v(x, t)$ durch die Beziehung

$$v(x, t) = u(x, t) - \left\{\psi_1(t) + \frac{x}{l}[\psi_2(t) - \psi_1(t)]\right\} \tag{4.36}$$

ein. Aus den Randbedingungen für u ergeben sich dann wegen

$$v(0, t) = u(0, t) - \psi_1(t) = \psi_1(t) - \psi_1(t) = 0,$$
$$v(l, t) = u(l, t) - \psi_2(t) = \psi_2(t) - \psi_2(t) = 0$$

homogene Randbedingungen an $v(x, t)$. Die Anfangsbedingung $u(x, 0) = \varphi(x)$ geht über in die Anfangsbedingung für $v(x, t)$

$$v(x, 0) = \varphi(x) - \left\{ \psi_1(0) + \frac{x}{l} [\psi_2(0) - \psi_1(0)] \right\} = \varphi^*(x). \tag{4.37}$$

Setzt man schließlich $v(x, t)$ in die p. Dgl. $u_t = a^2 u_{xx} + f(x, t)$ ein, so erhält man wegen

$$u_t = v_t + \psi_1'(t) + \frac{x}{l} [\psi_2'(t) - \psi_1'(t)], \quad u_{xx} = v_{xx}$$

für $v(x, t)$ die inhomogene p. Dgl.

$$v_t = a^2 v_{xx} + f^*(x, t) \quad \text{mit} \quad f^* = f(x, t) - \psi_1'(t) - \frac{x}{l} [\psi_2'(t) - \psi_1'(t)].$$

$$\tag{4.38}$$

Dabei hat man natürlich Differenzierbarkeit von $\psi_1(t)$, $\psi_2(t)$ für $t > 0$ vorauszusetzen. Die Lösung dieses speziellen 1. ARWP für $v(x, t)$ ist nach (4.35)

$$v(x, t) = \int_0^l G(x, \xi, t)\, \varphi^*(\xi)\, \mathrm{d}\xi + \int_0^t \int_0^l G(x, \xi, t - \tau) f^*(\xi, \tau)\, \mathrm{d}\xi\, \mathrm{d}\tau, \tag{4.39}$$

falls φ^* und f^* die in 4.2.5. und 4.2.6.1. an φ und f gestellten Voraussetzungen (Stetigkeit, Entwickelbarkeit in Sinusreihen) erfüllen. Setzt man die Lösung v aus (4.39) in (4.36) ein und löst nach $u(x, t)$ auf, so steht die Lösung des allgemeinen 1. ARWP für die inhomogene Wärmeleitungsgleichung da. Sie enthält alle zuvor gelösten Spezialfälle. Prüfen Sie das nach!

Beispiel 4.1: Gesucht ist in $0 < x < \pi, t > 0$ die Lösung der p. Dgl. $u_t = u_{xx} + 1$, die die Anfangsbedingung $u(x, 0) = x + \sin x$ und die Randbedingungen $u(0, t) = t, u(\pi, t) = \pi$ erfüllt. Durch Einsetzen der gegebenen Größen in (4.39) könnte man aus (4.36) unmittelbar die Lösung dieses Problems erhalten. Um die Lösungsmethode noch einmal an einem konkreten Beispiel zu demonstrieren, führen wir jedoch die Rechnung von Anfang an durch.

1. Schritt: Herstellung homogener Randbedingungen durch Einführung einer neuen unbekannten Funktion gemäß (4.36)

$$v(x, t) = u(x, t) - \left\{ t + \frac{x}{\pi} [\pi - t] \right\} = u(x, t) - t - x + \frac{xt}{\pi}.$$

2. Schritt: Herleitung der Dgl. für v.
Wegen $u_t = v_t - 1 + x/\pi$, $u_{xx} = v_{xx}$ folgt aus $u_t = u_{xx} + 1$ für v

$$v_t = v_{xx} + x/\pi \quad (f^*(x, t) = x/\pi).$$

3. Schritt: Transformation der Anfangsbedingung.

$$v(x, 0) = u(x, 0) - x = \sin x + x - x = \sin x \quad (\varphi^*(x) = \sin x).$$

(Bemerkung: Die Randbedingungen für u müssen in homogene Randbedingungen für v übergehen. Prüfen Sie das nach!)

4. Schritt: Bestimmung von Lösungen der zugehörigen homogenen Dgl. $v_t = v_{xx}$ durch Produktansatz $v(x, t) = X(x) T(t)$.
Diese Rechnung und die Lösungen entnehmen wir 4.2.5. (1. Schritt) mit $a^2 = 1$ und v statt u.

5. Schritt: Anpassung an die homogenen Randbedingungen.
Auch diese Rechnung entnehmen wir 4.2.5. (2. Schritt). Mit $a^2 = 1$ und $l = \pi$ erhält man die Eigenwerte $\lambda_n = -n^2$ mit den Eigenfunktionen (s. (4.24))

$$v_n(x, t) = C_n \sin(nx)\, \mathrm{e}^{-n^2 t} \quad (n = 1, 2, \ldots).$$

6. Schritt: Berechnung der Lösung $v^*(x,t)$ des zugehörigen homogenen 1. ARWP (Anpassung an die Anfangsbedingung) mit dem Ansatz

$$v^*(x,t) = \sum_{n=1}^{\infty} C_n \sin(nx)\, e^{-n^2 t} :$$

Die Anfangsbedingung $v^*(x,0) = \sin x$ führt auf

$$\sum_{n=1}^{\infty} C_n \sin(nx) = \sin x,$$

und diese Gleichung ist erfüllt für $C_1 = 1$, $C_2 = C_3 = C_4 = \cdots = 0$. Also ist

$$v^*(x,t) = e^{-t} \sin x.$$

(Im allgemeinen hat man $\varphi^*(x)$ in $0 \leq x \leq l$ in eine Sinusreihe zu entwickeln und die C_n durch Koeffizientenvergleich zu bestimmen, so daß sich für v^* eine Reihendarstellung ergibt.)

7. Schritt: Berechnung der Lösung $v^{**}(x,t)$ der inhomogenen Dgl. bei homogenen Anfangs- und Randbedingungen:
Dazu ist x/π in : $0 < x < \pi$ in eine Reihe nach den Funktionen $\sin(nx)$ zu entwickeln. Die Koeffizienten der Reihe berechnet man aus (4.32) mittels partieller Integration und erhält

$$\frac{x}{\pi} = -\frac{2}{\pi} \sum_{n=1}^{\infty} \frac{(-1)^n}{n} \sin(nx).$$

Für die gesuchte Funktion v^{**} macht man den Ansatz

$$v^{**}(x,t) = \sum_{n=1}^{\infty} \tilde{v}_n(t) \sin(nx).$$

Diese beiden Reihen werden in $v_t^{**} = v_{xx}^{**} + x/\pi$ eingesetzt, und durch geeignetes Zusammenfassen kommt man zu der Gleichung

$$\sum_{n=1}^{\infty} [\tilde{v}_n{}'(t) + n^2 \tilde{v}_n(t) + 2(-1)^n/n\pi] \sin(nx) = 0.$$

Sie ist erfüllt, wenn die $\tilde{v}_n(t)$ Lösungen der gewöhnlichen linearen Dgln. 1. Ordnung mit konstanten Koeffizienten

$$\tilde{v}_n{}'(t) + n^2 \tilde{v}_n(t) + 2(-1)^n/n\pi = 0 \qquad (n = 1, 2, 3, ...)$$

sind. Außerdem ist wegen $v^{**}(x,0) = \sum_{n=1}^{\infty} \tilde{v}_n(0) \sin(nx)$ die Anfangsbedingung $v^{**}(x,0) = 0$ erfüllt, wenn die $\tilde{v}_n(t)$ noch der Anfangsbedingung $\tilde{v}_n(0) = 0$ genügen. Aus der Theorie der gewöhnlichen Dgln. ist bekannt, wie man die Dgln. für $\tilde{v}_n(t)$ unter der Anfangsbedingung $\tilde{v}_n(0) = 0$ löst. Man findet

$$\tilde{v}_n(t) = 2(-1)^n (e^{-n^2 t} - 1)/n^3 \pi$$

und damit entsprechend dem obigen Ansatz

$$v^{**}(x,t) = \frac{2}{\pi} \sum_{n=1}^{\infty} \frac{(-1)^n}{n^3} (e^{-n^2 t} - 1) \sin(nx).$$

8. Schritt: Aufstellen der Lösung des ARWP.
Nach (4.35) ist $v(x,t) = v^*(x,t) + v^{**}(x,t)$ Lösung des transformierten Problems $v_t = v_{xx} + x/\pi$,

$v(x, 0) = \sin x$, $v(0, t) = 0$, $v(\pi, t) = 0$. Wegen $u(x, t) = v(x, t) + x + t - \dfrac{xt}{\pi}$ (1. Schritt) erhalten wir schließlich die Lösung

$$u(x, t) = x + t - \frac{xt}{\pi} + e^{-t} \sin x + \frac{2}{\pi} \sum_{n=1}^{\infty} \frac{(-1)^n}{n^3} (e^{-n^2 t} - 1) \sin(nx)$$

des ursprünglich gestellten Problems.

Es empfiehlt sich, stets eine Probe zu machen. Führen Sie sie durch, indem Sie die erhaltene Funktion u in die Dgl. $u_t = u_{xx} + 1$, in die Anfangsbedingung $u(x, 0) = x + \sin x$ und die Randbedingungen $u(0, t) = t$, $u(\pi, t) = \pi$ einsetzen!

Aufgabe 4.2: Lösen Sie das 1. ARWP $u_t = u_{xx} + x(1 + t)$, $u(x, 0) = -x$, $u(0, t) = 0$, $u(1, t) = t - 1$ *
$(0 \leqq x \leqq 1, t \geqq 0)$!

Wir wollen nicht unerwähnt lassen, daß eine geschlossene Darstellung der Lösung wie in (4.39) für den Mathematiker sehr befriedigend und von großer Wichtigkeit für weitere theoretische Untersuchungen ist, in der Praxis aber Probleme bei der numerischen Auswertung (Berechnung der Funktionswerte von v bzw. u) aufwirft; denn die Greensche Funktion G wird ja durch eine unendliche Reihe dargestellt, und die auftretenden Integrale sind (nicht wie bei unserem Beispiel) i. allg. auch nicht geschlossen auswertbar. Immerhin kann man aber (4.39) als Ausgangsbasis für numerische Näherungsverfahren (z. B. Ersetzen der Reihen durch Partialsummen, Anwendung numerischer Integrationsverfahren) auffassen.

Wenn man ausschließlich am numerischen Ergebnis interessiert ist, berechnet man die Lösung in der Regel unmittelbar mit Hilfe eines geeigneten numerischen Verfahrens auf einer EDVA, ohne von einer analytischen Darstellung der Lösung wie in (4.39) Gebrauch zu machen. In diese Rechnung können natürlich nur jeweils endlich viele Werte der als bekannt angesehenen Funktionen eingehen, die in vielen Fällen durch Messungen ermittelt werden. Das von der EDVA ausgedruckte Ergebnis (Funktionswerte der gesuchten Funktion in vorher festgelegten Punkten) läßt jedoch nicht erkennen, wie sich bei einer Änderung der Ausgangsdaten die Lösung verändert.

Will man dagegen, wie es bei vielen praktischen Problemen der Fall ist, durch geeignete Wahl frei verfügbarer Parameter (z. B. der in die p. Dgl. eingehenden Materialkonstanten) eine für den Anwender in irgendeinem Sinne gute oder optimale Lösung erhalten, so kann man zwar die numerische Berechnung der Lösung mit jeweils verschiedenen Werten der Parameter wiederholen und die ausgedruckten Lösungen miteinander vergleichen, aber diese Methode stößt bei wachsender Zahl der freien Parameter schnell an die Grenzen der praktischen Realisierbarkeit. Außerdem schließt ein solches Probierverfahren stets die Möglichkeit falscher Schlußfolgerungen ein. Fundierte Aussagen lassen sich in diesem Fall nur an Hand analytischer Untersuchungen, am besten mit einer analytischen Darstellung der Lösung gewinnen.

Wir verweisen noch auf die in Bd. 10 behandelten Operatorenmethoden, die neue Möglichkeiten der exakten oder angenäherten Lösung von ARWP, AWP und RWP eröffnen. Die Lösungswege sind zwangsläufiger, übersichtlicher und mit meist geringerem Rechenaufwand verbunden als „klassische" Methoden. Allerdings erfordert ihre Begründung eine spezielle mathematische Theorie *(Laplace-Transformation* bzw. *Operatorenrechnung)*, die in Bd. 10 dargestellt ist.

Zum Schluß bemerken wir, daß unsere Lösungsmethode auch auf das 2. und 3. ARWP für einen endlich langen Stab anwendbar ist. ARWP und ARWP für einseitig bzw. beidseitig unbegrenzte Stäbe werden nicht durch Reihenansätze gelöst, sondern durch Integralansätze (s. 3.5.4. und 3.5.6.), worauf wir aber nicht näher eingehen.

4.3.   Hyperbolische Differentialgleichungen

4.3.1.   Beispiele

Hyperbolische Gleichungen treten vorwiegend bei *Schwingungs-* und *Wellenvorgängen* auf. Wir geben hierfür einige Beispiele an, müssen aber auf die Herleitung aus den physikalischen Gesetzen verzichten. Nach Definition 3.1 folgt sofort, daß die folgenden Differentialgleichungen tatsächlich hyperbolisch sind.

Beispiel 4.2: Eine *Saite* befinde sich im Ruhezustand auf der x-Achse und werde dann in Transversalschwingungen versetzt. Unter der Voraussetzung kleiner Schwingungen gilt dann für die Auslenkung $u(x, t)$ an der Stelle x zum Zeitpunkt t die Differentialgleichung

$$\frac{\partial}{\partial x}\left(p(x)\frac{\partial u}{\partial x}\right) + F(x, t) = \varrho(x)\frac{\partial^2 u}{\partial t^2}. \tag{4.40}$$

Dabei bedeuten $p(x)$ die Saitenspannung, $\varrho(x)$ die lineare Massendichte und $F(x, t)$ eine senkrecht zur x-Achse pro Längeneinheit wirkende äußere Kraft. Die Differentialgleichung vereinfacht sich wesentlich, wenn p und ϱ konstant sind (homogene Saite). Man erhält dann wie in Bsp. 1.1

$$u_{tt} - a^2 u_{xx} = f(x, t) \tag{4.41}$$

mit $a^2 = p/\varrho$, $f(x, t) = F(x, t)/\varrho$. Wirkt keine äußere Kraft, so ergeben sich die zugehörigen homogenen Differentialgleichungen

$$\frac{\partial}{\partial x}\left(p(x)\frac{\partial u}{\partial x}\right) = \varrho(x)\frac{\partial^2 u}{\partial t^2} \quad \text{bzw.} \quad u_{tt} - a^2 u_{xx} = 0.$$

Eine Gleichung vom Typ (4.40) bzw. (4.41) heißt **Saitengleichung** oder **eindimensionale Wellengleichung**. Viele Wellenvorgänge, bei denen nur eine Ortskoordinate auftritt, werden durch die Saitengleichung beschrieben. Das gilt z. B. auch für *Längsschwingungen* und für *Torsionsschwingungen von Stäben*.

Beispiel 4.3: Für die vertikale Auslenkung $u(x, y, t)$ einer dünnen ebenen *Membran* im Punkt (x, y) zur Zeit t gilt im Fall kleiner Schwingungen die Differentialgleichung

$$\frac{\partial}{\partial x}\left(p(x, y)\frac{\partial u}{\partial x}\right) + \frac{\partial}{\partial y}\left(p(x, y)\frac{\partial u}{\partial y}\right) + F(x, y, t) = \varrho(x, y)\frac{\partial^2 u}{\partial t^2}. \tag{4.42}$$

Dabei sind analog zu Beispiel 4.2 $p(x, y)$ die Membranspannung, $\varrho(x, y)$ die ebene Massendichte, $F(x, y, t)$ die vertikale äußere Kraft pro Flächeneinheit. Sind p und ϱ konstant, vereinfacht sich die Gleichung zu

$$\frac{\partial^2 u}{\partial t^2} - a^2\left(\frac{\partial^2 u}{\partial x^2} + \frac{\partial^2 u}{\partial y^2}\right) = f(x, y, t) \tag{4.43}$$

mit $a^2 = p/\varrho$ und $f(x, y, t) = F(x, y, t)/\varrho$. Die Gleichung (4.43) heißt **zweidimensionale Wellengleichung**.

Beispiel 4.4: In Verallgemeinerung und in Analogie zu den Gleichungen (4.41) und (4.43) ergibt sich unter gewissen wenig einschneidenden Voraussetzungen für viele räumliche Wellenvorgänge eine Differentialgleichung der Form

$$\frac{\partial^2 u}{\partial t^2} - a^2 \Delta u = f(x, y, z, t). \tag{4.44}$$

Dabei ist Δ der durch

$$\Delta u = \frac{\partial^2 u}{\partial x^2} + \frac{\partial^2 u}{\partial y^2} + \frac{\partial^2 u}{\partial z^2}$$

definierte Laplace-Operator. Gleichung (4.44) heißt **dreidimensionale Wellengleichung**. Zum Beispiel tritt diese Gleichung auf bei der Ausbreitung von *Schallwellen* und *elektromagnetischen Wellen*. Die Konstante a hat bei solchen Wellenvorgängen die Bedeutung der Ausbreitungsgeschwindigkeit.

4.3.2. Die wichtigsten Randwertaufgaben

Wir hatten uns im Abschnitt 4.1. überlegt, daß bei hyperbolischen Differentialgleichungen Anfangsbedingungen gestellt werden in der Form, daß die Werte der gesuchten Funktion u und ihrer Zeitableitung u_t zum Zeitpunkt $t = 0$ vorgegeben sind (AWP). Ist das zugehörige Gebiet G der räumlichen Variablen nicht der ganze Raum (die ganze x-Achse, die ganze x,y-Ebene), so treten auf dem Rand ∂G von G noch Randbedingungen hinzu (ARWP).

Als ein typisches Beispiel, an dem das Wesentliche zu erkennen ist, betrachten wir die schwingende Saite (s. Beispiel 4.2).

Für eine *unendlich lange Saite* erhalten wir ein AWP mit den Anfangsbedingungen

$$u(x, 0) = \varphi(x), \, u_t(x, 0) = \psi(x). \tag{4.45}$$

Physikalisch gesehen bedeutet dies die Vorgabe von Anfangsauslenkung und Anfangsgeschwindigkeit. Bei einer *endlichen Saite* treten jedoch immer noch Randbedingungen hinzu, so daß wir ein ARWP erhalten. Wir betrachten eine Saite der Länge l in $0 \leqq x \leqq l$ für $0 \leqq t < + \infty$.

Randbedingungen 1. Art lauten

$$u(0, t) = \psi_1(t), \, u(l, t) = \psi_2(t). \tag{4.46}$$

Sie bedeuten, daß die Auslenkung an den Enden vorgeschrieben ist. Ist zum Beispiel die Saite an ihren Enden befestigt, so ergibt sich offenbar

$$u(0, t) = 0, \, u(l, t) = 0. \tag{4.47}$$

Bei **Randbedingungen 2. Art** wird u_x an den Enden vorgegeben. Zum Beispiel gilt an einem frei beweglichen Saitenende $u_x = 0$, wie physikalische Überlegungen zeigen.

Bei Vorgabe der Werte einer Linearkombination von u und u_x an den Enden spricht man von **Randbedingungen 3. Art.**

Ein RWP heißt **homogen**, wenn sowohl die Differentialgleichung als auch die Randbedingungen homogen sind, anderenfalls heißt es **inhomogen**.

Analog zu den parabolischen Gleichungen ergeben sich auch hier für die Anfangs- und Randwerte gewisse Stetigkeitsforderungen und Übergangsbedingungen, die erfüllt sein müssen (vgl. Abschnitt 4.2.3.). Wir werden in den folgenden Abschnitten solche Voraussetzungen, die für die Anwendungen meist kaum von Bedeutung sind, oft nicht explizit formulieren. Sinngemäß treffen diese Bemerkungen auch zu auf Voraussetzungen wie etwa für Entwickelbarkeit in Fourierreihen, gliedweise Differentiation von Reihen u.ä.

4.3.3. Die eindimensionale Wellengleichung (Saitengleichung)

4.3.3.1. Lösung nach der Methode von d'Alembert

Wir betrachten zunächst die *homogene Saitengleichung*

$$u_{tt} - a^2 u_{xx} = 0 \tag{4.48}$$

aus Beispiel 4.2.

Durch Transformation in die Normalform $\omega_{\xi\eta} = 0$ mit $\xi = x - at$ und $\eta = x + at$ wurde in Beispiel 3.7 die allgemeine Lösung

$$u(x, t) = F(x - at) + G(x + at) \tag{4.49}$$

gewonnen, wobei F und G beliebige, zweimal differenzierbare Funktionen sind.

Die Methode von d'Alembert besteht nun darin, durch Einsetzen der Anfangs- und Randbedingungen in die allgemeine Lösung die Funktionen F und G so zu bestimmen, daß die Anfangs- und Randbedingungen erfüllt werden. Ein solches Vorgehen ist uns bereits bekannt bei gewöhnlichen Differentialgleichungen und teilweise bei partiellen Differentialgleichungen 1. Ordnung (s. Abschnitt 2.3.).

Für die *unendlich lange Saite* mit den Anfangsbedingungen (4.45) ergibt sich dann

$$F(x) + G(x) = \varphi(x), \quad -aF'(x) + aG'(x) = \psi(x).$$

Differenzieren wir die erste Gleichung, so erhalten wir zusammen mit der zweiten Gleichung das Gleichungssystem

$$F'(x) + G'(x) = \varphi'(x), \quad -aF'(x) + aG'(x) = \psi(x)$$

für $F'(x)$ und $G'(x)$. Daraus folgt

$$F'(x) = \frac{1}{2}\left(\varphi'(x) - \frac{1}{a}\,\psi(x)\right), \quad G'(x) = \frac{1}{2}\left(\varphi'(x) + \frac{1}{a}\,\psi(x)\right).$$

Integration liefert

$$F(x) = \frac{1}{2}\left(\varphi(x) - \frac{1}{a}\int_{\gamma}^{x}\psi(\xi)\,\mathrm{d}\xi\right), \quad G(x) = \frac{1}{2}\left(\varphi(x) + \frac{1}{a}\int_{\gamma_0}^{x}\psi(\xi)\,\mathrm{d}\xi\right).$$

Die Integrationskonstanten sind dabei in den zunächst beliebig gelassenen unteren Integrationsgrenzen γ und γ_0 berücksichtigt. Die Beziehung $F(x) + G(x) = \varphi(x)$ ist für $\gamma_0 = \gamma$ erfüllt, so daß wir erhalten

$$F(x - at) = \frac{1}{2}\left(\varphi(x - at) - \frac{1}{a}\int_{\gamma}^{x-at}\psi(\xi)\,\mathrm{d}\xi\right),$$

$$G(x + at) = \frac{1}{2}\left(\varphi(x + at) + \frac{1}{a}\int_{\gamma}^{x+at}\psi(\xi)\,\mathrm{d}\xi\right).$$

Wir können noch die beiden Integrale bei der Bildung von u nach (4.49) zusammenfassen wobei sich γ heraushebt, und erhalten das

Ergebnis: Die Lösung des AWP

$$u_{tt} - a^2 u_{xx} = 0,$$

$$u(x, 0) = \varphi(x), \quad u_t(x, 0) = \psi(x) \quad (-\infty < x < +\infty,\ t \geqq 0) \tag{4.50}$$

lautet

$$u(x, t) = \frac{1}{2}\left(\varphi(x + at) + \varphi(x - at)\right) + \frac{1}{2a}\int_{x-at}^{x+at}\psi(\xi)\,\mathrm{d}\xi. \tag{4.51}$$

Wir wollen kurz die physikalische Bedeutung der in (4.51) stehenden Größen erörtern. Ist die Anfangsgeschwindigkeit in jedem Punkt gleich null, so verschwindet ψ, also gilt

$$u(x, t) = \tfrac{1}{2}\left(\varphi(x + at) + \varphi(x - at)\right).$$

Offenbar ergeben sich $\tfrac{1}{2}\,\varphi(x + at)$ bzw. $\tfrac{1}{2}\,\varphi(x - at)$ aus $\tfrac{1}{2}\varphi(x)$ durch Verschiebung um at in Richtung der negativen bzw. positiven x-Achse. Wir können damit sagen:

Die Anfangsauslenkung $\varphi(x)$ zerfällt für $t > 0$ in die zwei mit der Geschwindigkeit $-a$ und a *fortschreitenden Wellen* $\tfrac{1}{2}\,\varphi(x + at)$ und $\tfrac{1}{2}\,\varphi(x - at)$, aus deren Überlagerung sich die Auslenkung $u(x, t)$ ergibt (Bild 4.1).

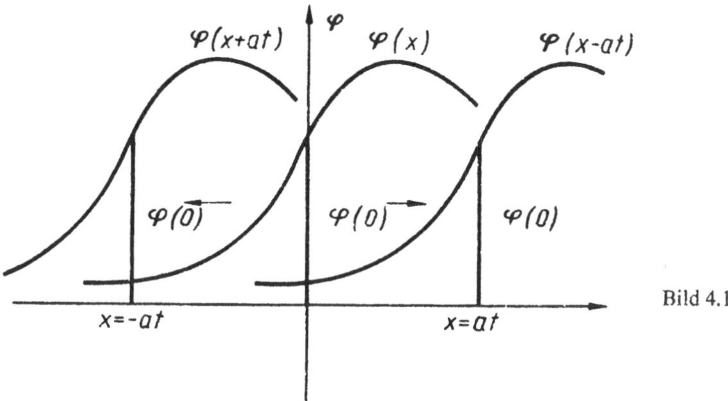

Bild 4.1

Falls die Anfangsgeschwindigkeit ψ nicht identisch verschwindet, tritt noch das Integralglied in (4.51) hinzu. Dieses Glied ergibt sich auch durch Überlagerung zweier gegenläufiger Wellen mit der Fortpflanzungsgeschwindigkeit a. Um das einzusehen, betrachtet man eine Stammfunktion $\tilde{\psi}$ von ψ und erhält die Darstellung

$$\frac{1}{2a} \int_{x-at}^{x+at} \psi(\xi)\,\mathrm{d}\xi = \frac{1}{2a}\,\tilde{\psi}(x + at) - \frac{1}{2a}\,\tilde{\psi}(x - at).$$

Die d'Alembertsche Lösung (4.51) läßt sich auch für die *endliche Saite* anwenden. Betrachten wir etwa für $0 \leqq x \leqq l$ eine endliche Saite, die an ihren Enden $x = 0$ und $x = l$ befestigt ist. Es kommen dann zu den Anfangsbedingungen (4.45) noch die Randbedingungen (4.47) $u(0, t) = 0$, $u(l, t) = 0$ hinzu. Um diese Randbedingungen zu erfüllen, denken wir uns die in $0 \leqq x \leqq l$ definierten Anfangswerte $\varphi(x)$ und $\psi(x)$ auf die ganze x-Achse fortgesetzt. $u(0, t) = 0$ führt dann wegen (4.51) auf die Beziehung $0 = \frac{1}{2}\,(\varphi(at) + \varphi(-at)) + \frac{1}{2a}\,(\tilde{\psi}(at) - \tilde{\psi}(-at))$, welche erfüllt ist, wenn φ ungerade und $\tilde{\psi}$ gerade ist. $u(l, t) = 0$ führt zu

$$0 = \frac{1}{2}\,(\varphi(l + at) + \varphi(l - at)) + \frac{1}{2a}\,(\tilde{\psi}(l + at) - \tilde{\psi}(l - at)).$$

Für ungerades φ gilt $\varphi(l - at) = -\varphi(-l + at)$, und für gerades $\tilde{\psi}$ gilt $\tilde{\psi}(l - at) = \tilde{\psi}(-l + at)$, so daß

$$0 = \frac{1}{2}\,(\varphi(l + at) - \varphi(-l + at)) + \frac{1}{2a}\,(\tilde{\psi}(l + at) - \tilde{\psi}(-l + at))$$

sein muß. Letzteres ist erfüllt, wenn φ und $\tilde{\psi}$ periodisch mit der Periode $2l$ sind. Da die Ableitung einer periodischen Funktion wieder periodisch ist mit der gleichen

Periode und da durch Differenzieren aus einer geraden Funktion eine ungerade Funktion entsteht, erhalten wir das

Ergebnis: Die Lösung des ARWP

$$u_{tt} - a^2 u_{xx} = 0,$$
$$u(x, 0) = \varphi(x), \quad u_t(x, 0) = \psi(x), \tag{4.52}$$
$$u(0, t) = 0, \qquad u(l, t) = 0 \quad (0 \leqq x \leqq l, t \geqq 0)$$

lautet

$$u(x, t) = \frac{1}{2} (\varphi(x + at) + \varphi(x - at)) + \frac{1}{2a} \int\limits_{x-at}^{x+at} \psi(\xi)\, \mathrm{d}\xi, \tag{4.53}$$

wobei $\varphi(x)$ und $\psi(x)$ als ungerade Funktionen mit der Periode $2l$ von $0 \leqq x \leqq l$ auf $-\infty < x < +\infty$ fortgesetzt werden.

Auch für andere homogene Randbedingungen läßt sich durch geeignete Fortsetzung von φ und ψ die Lösung in der Gestalt (4.51) angeben (s. Aufgabe 4.4).

Die d'Alembertsche Methode läßt sich auch auf die *inhomogene Gleichung*

$$u_{tt} - a^2 u_{xx} = f(x, t)$$

anwenden. Das Ergebnis sei ohne Beweis mitgeteilt. Für die unendlich lange Saite mit den Anfangsbedingungen (4.45) gilt

$$u(x, t) = \frac{1}{2} (\varphi(x + at) + \varphi(x - at)) + \frac{1}{2a} \int\limits_{x-at}^{x+at} \psi(\xi)\, \mathrm{d}\xi$$
$$+ \frac{1}{2a} \int\limits_{\tau=0}^{t} \int\limits_{\xi=x-a(t-\tau)}^{x+a(t-\tau)} f(\xi, \tau)\, \mathrm{d}\xi\, \mathrm{d}\tau.$$

Für die endliche Saite gilt auch, daß homogene Randbedingungen erfüllt werden können, wenn φ und ψ und darüber hinaus auch f (als Funktion des Ortes) geeignet fortgesetzt werden. Im Falle der bei $x = 0$ und $x = l$ befestigten Saite handelt es sich dabei wieder um ungerade Fortsetzung mit der Periode $2l$.

Schließlich sei erwähnt, daß sich inhomogene Randbedingungen analog zu 4.2.6.3. auf homogene Randbedingungen zurückführen lassen.

* *Aufgabe 4.3:* Eine unendlich lange Saite mit $a = 1$, auf die keine äußeren Kräfte wirken, habe die Anfangsauslenkung

$$\varphi(x) = \begin{cases} 2 - 2\,|x| & \text{für} \quad |x| \leqq 1, \\ 0 & \text{für} \quad |x| > 1 \end{cases}$$

und die Anfangsgeschwindigkeit $\psi(x) = 0$ (gezupfte Saite). Veranschaulichen Sie sich die Auslenkung $u(x, t)$ als Überlagerung zweier mit der Geschwindigkeit $a = 1$ gegenläufiger Wellen durch Betrachtung des Zustandes zu den Zeitpunkten $t_0 = 0$, $t_1 = \frac{1}{2}$, $t_2 = 1$, $t_3 = \frac{3}{2}$!

* *Aufgabe 4.4:* Wie müssen in der d'Alembertschen Lösung Anfangsauslenkung $\varphi(x)$ und Anfangsgeschwindigkeit $\psi(x)$ einer endlichen Saite mit frei beweglichen Enden bei $x = 0$ und $x = l$ fortgesetzt werden, damit die Randbedingungen erfüllt sind? Äußere Kräfte sollen nicht wirken $(f(x, t) = 0)$.

4.3.3.2. Lösung nach der Fourierschen Methode

Die Fouriersche Methode, die wir in 4.2. bei der Behandlung der Wärmeleitungsgleichung kennengelernt haben, läßt sich auch auf die Saitengleichung anwenden.

Ohne näher auf die genauen mathematischen Voraussetzungen für die Anwendbarkeit dieser Methode einzugehen, die in 4.2. erwähnt wurden und analog für die Saitengleichung zu formulieren wären, wollen wir gleich das praktische Vorgehen, das völlig dem aus 4.2. entspricht, erläutern. Bezüglich der Voraussetzungen sei auch auf die Bemerkungen am Ende von Abschnitt 4.3.2. verwiesen.

Gegeben sei zunächst ein *homogenes ARWP*, etwa wieder die Aufgabe (4.52):

$$u_{tt} - a^2 u_{xx} = 0,$$
$$u(x, 0) = \varphi(x), \quad u_t(x, 0) = \psi(x), \tag{4.54}$$
$$u(0, t) = 0, \qquad u(l, t) = 0 \quad (0 \leqq x \leqq l, t \geqq 0).$$

1. Schritt: *Bestimmung partikulärer Lösungen der Differentialgleichung durch den Produktansatz* $u(x, t) = X(x)\, T(t)$.

Durch Einsetzen in die Differentialgleichung ergibt sich

$$X(x)\, T''(t) - a^2 X''(x)\, T(t) = 0$$

und daraus folgt nach Trennung der Veränderlichen

$$\frac{X''}{X} = \frac{T''}{a^2 T} = \lambda \quad \text{(konstant)}.$$

Für $X(x)$ und $T(t)$ ergeben sich somit die gewöhnlichen Differentialgleichungen

$$X''(x) - \lambda X(x) = 0, \quad T''(t) - \lambda a^2 T(t) = 0.$$

Mit Lösungen $X(x)$ und $T(t)$ dieser Differentialgleichungen sind dann die Funktionen $u = X \cdot T$ Lösungen von $u_{tt} - a^2 u_{xx} = 0$.

2. Schritt: *Anpassung der Lösungen an die Randbedingungen.*

Einsetzen der Randbedingungen liefert

$$X(0)\, T(t) = 0, \quad X(l)\, T(t) = 0 \quad \text{für alle} \quad t \geqq 0.$$

Für $X(x)$ erhalten wir also die Eigenwertaufgabe

$$X'' - \lambda X = 0 \quad \text{mit den Randbedingungen} \quad X(0) = X(l) = 0. \tag{4.55}$$

Diese Aufgabe begegnete uns bereits in Abschnitt 4.2.5. Nichttriviale Lösungen gibt es nur für die Eigenwerte $\lambda_n = -n^2\pi^2/l^2$ ($n = 1, 2, 3, \ldots$), nämlich die Eigenfunktionen $X_n(x) = C_n \sin \dfrac{n\pi}{l} x$. Für $\lambda = \lambda_n$ erhält man durch Lösung der Differentialgleichung für $T(t)$ dann $T_n(t) = A_n \cos \dfrac{n\pi a}{l} t + B_n \sin \dfrac{n\pi a}{l} t$. Bezeichnen wir $C_n A_n$ bzw. $C_n B_n$ gleich wieder mit A_n bzw. B_n, so erhalten wir die Funktionen

$$u_n(x, t) = \left(A_n \cos \frac{n\pi a}{l} t + B_n \sin \frac{n\pi a}{l} t \right) \sin \frac{n\pi}{l} x$$

als Lösungen der homogenen Differentialgleichung $u_{tt} - a^2 u_{xx} = 0$, welche die homogenen Randbedingungen $u(0, t) = u(l, t) = 0$ erfüllen.

3. Schritt: *Erfüllung der Anfangsbedingungen mittels Reihenansatz.*

Mit dem Ansatz

$$u(x, t) = \sum_{n=1}^{\infty} u_n(x, t) = \sum_{n=1}^{\infty} \left(A_n \cos \frac{n\pi a}{l} t + B_n \sin \frac{n\pi a}{l} t \right) \sin \frac{n\pi}{l} x \tag{4.56}$$

werden nun durch geeignete Wahl der freien Konstanten A_n und B_n auch noch die Anfangsbedingungen erfüllt.

Einsetzen der Anfangsbedingungen $u(x, 0) = \varphi(x)$, $u_t(x, 0) = \psi(x)$ ergibt

$$\sum_{n=1}^{\infty} A_n \sin \frac{n\pi}{l} x = \varphi(x), \quad \sum_{n=1}^{\infty} \frac{n\pi a}{l} B_n \sin \frac{n\pi}{l} x = \psi(x).$$

Daraus erhält man A_n bzw. $\dfrac{n\pi a}{l} B_n$ als Fourierkoeffizienten von $\varphi(x)$ bzw. $\psi(x)$ bei Entwicklung in eine Reihe nach den Eigenfunktionen $\sin \dfrac{n\pi}{l} x$. Um diese Entwicklung zu erhalten, denke man sich $\varphi(x)$ und $\psi(x)$ als ungerade Funktionen mit der Periode $2l$ fortgesetzt, denn dann stellt die übliche Fourierreihe ja tatsächlich die gewünschte Entwicklung dar. Aus den bekannten Formeln für die Fourierkoeffizienten erhalten wir dann

$$A_n = \frac{2}{l} \int_0^l \varphi(x) \sin \frac{n\pi}{l} x \, dx, \quad B_n = \frac{2}{n\pi a} \int_0^l \psi(x) \sin \frac{n\pi}{l} x \, dx. \tag{4.57}$$

Damit haben wir in (4.56) mit den Koeffizienten A_n und B_n nach (4.57) die Lösung des homogenen ARWP (4.54) nach der Fourierschen Methode gewonnen.

Bei anderen ARWP können wir kompliziertere Eigenfunktionen erhalten. Für die Herstellung der entsprechenden Entwicklung, falls man diese nicht ähnlich wie oben als übliche Fourierreihe auffassen kann, sei auf Band 7/2 verwiesen.

Wir wenden uns nun den *inhomogenen ARWP* für die Saitengleichung zu. Der Fall inhomogener Randbedingungen läßt sich, wie schon erwähnt, auf den Fall homogener Randbedingungen zurückführen (s. Abschnitt 4.2.6.3.), so daß wir, um etwa beim Beispiel der beiderseits befestigten Saite zu bleiben, zum ARWP

$$u_{tt} - a^2 u_{xx} = f(x, t),$$

$$u(x, 0) = \varphi(x), \quad u_t(x, 0) = \psi(x), \tag{4.58}$$

$$u(0, t) = 0, \qquad u(l, t) = 0 \quad (0 \leqq x \leqq l, \ t \geqq 0)$$

gelangen.

Wie in 4.2.6.2. können wir u darstellen als

$$u(x, t) = u^*(x, t) + u^{**}(x, t).$$

Dabei ist u^* die Lösung der zugehörigen homogenen Aufgabe (also die Lösung (4.56) von (4.54)), und u^{**} ist die Lösung der inhomogenen Differentialgleichung bei homogenen Anfangs- und homogenen Randbedingungen.

u^* kennen wir bereits. Für u^{**} gehen wir wie in 4.2.6.1. vor, machen also den Ansatz

$$u^{**}(x, t) = \sum_{n=1}^{\infty} \tilde{u}_n(t) \sin \frac{n\pi}{l} x,$$

wobei die $\tilde{u}_n$ noch unbekannt sind und die Funktionen $\sin \dfrac{n\pi}{l} x$ wieder die beim homogenen Problem auftretenden Eigenfunktionen sind. Einsetzen des Ansatzes in die inhomogene Differentialgleichung liefert

$$\sum_{n=1}^{\infty} \left(\tilde{u}_n''(t) + \frac{n^2 \pi^2 a^2}{l^2} \tilde{u}_n(t) \right) \sin \frac{n\pi}{l} x = f(x, t).$$

Entwicklung von $f(x, t)$ nach den Eigenfunktionen $\sin \frac{n\pi}{l} x$ führt zu

$$f(x, t) = \sum_{n=1}^{\infty} f_n(t) \sin \frac{n\pi}{l} x \quad \text{mit} \quad f_n(t) = \frac{2}{l} \int_0^l f(x, t) \sin \frac{n\pi}{l} x \, dx.$$

Durch Koeffizientenvergleich erhalten wir damit für $\tilde{u}_n(t)$ die Differentialgleichungen

$$\tilde{u}_n''(t) + \frac{n^2\pi^2 a^2}{l^2} \tilde{u}_n(t) = f_n(t) \quad (n = 1, 2, \ldots).$$

Die homogenen Randbedingungen sind durch die Wahl des Ansatzes bereits erfüllt. Berücksichtigen wir noch die homogenen Anfangsbedingungen $u^{**}(x, 0) = 0$ und $u_t^{**}(x, 0) = 0$, so sehen wir, daß sie für $\tilde{u}_n(0) = 0$, $\tilde{u}_n'(0) = 0$ erfüllt sind, so daß wir für $\tilde{u}_n$ ein AWP erhalten, dessen Lösung $\tilde{u}_n(t)$ uns damit die gesuchte Funktion $u^{**}(x, t)$ ergibt.

Es sei hier noch folgendes angemerkt. Unsere Methode liefert u offenbar in der Form $u(x, t) = \sum \tilde{u}_n(t) X_n(x)$, wobei die X_n die Eigenfunktionen der beim homogenen Problem auftretenden Eigenwertaufgabe für X sind. Man kann deshalb zur Bestimmung von u von vornherein den Ansatz $u(x, t) = \sum \tilde{\tilde{u}}_n(t) X_n(x)$ machen mit zunächst noch unbekannten Funktionen $\tilde{\tilde{u}}_n$.

Ein Vergleich der d'Alembertschen Lösung mit der Fourierschen Lösung zeigt, daß für die numerische Berechnung von $u(x, t)$ die d'Alembertsche Lösung vorzuziehen ist. Ferner läßt sie auch als Überlagerung von mit der Geschwindigkeit a sich ausbreitenden Wellen die Abhängigkeit vom Anfangszustand klar erkennen, insbesondere wird z.B. leicht die Ausbreitung von Störungen durchschaubar. Die Fouriersche Lösung hingegen ist als Entwicklung nach solchen einfachen Funktionen wie Sinusfunktionen und Kosinusfunktionen oftmals gegenüber der Anwendung mathematischer Operationen geschmeidiger. Insbesondere ist diese Reihendarstellung der Behandlung von Problemen der harmonischen Analyse sehr gut angepaßt. Betrachten wir zu diesem Zweck etwa das n-te Glied der Reihendarstellung (4.56) von $u(x, t)$:

$$u_n(x, t) = \left(A_n \cos \frac{n\pi a}{l} t + B_n \sin \frac{n\pi a}{l} t \right) \sin \frac{n\pi}{l} x.$$

Mit $C_n = \sqrt{A_n^2 + B_n^2}$, $\cos \gamma_n = A_n/C_n$, $\sin \gamma_n = B_n/C_n$ können wir umformen auf

$$u_n(x, t) = C_n \sin \frac{n\pi}{l} x \cos \left(\frac{n\pi a}{l} t - \gamma_n \right).$$

Dies ist eine harmonische Schwingung mit der Phase γ_n; die sogenannte *n-te Harmonische* von $u(x, t)$. Für $n = 1$ sprechen wir von der *Grundschwingung*, für $n \geq 2$ sprechen wir von *Oberschwingungen*. Die n-te Harmonische hat offenbar die von x abhängige Amplitude

$$C_n \left| \sin \frac{n\pi}{l} x \right|$$

und daher $n + 1$ Knotenpunkte an den Stellen

$$x = 0, \frac{l}{n}, \frac{2l}{n}, \ldots, l.$$

Es handelt sich also um eine *stehende Welle* (Bild 4.2). Wegen des Koeffizienten $n\pi a/l$ von t beträgt ihre Frequenz (die sogenannte Eigenfrequenz)

$$\nu_n = \frac{na}{2l}.$$

Wir sehen also, daß sich die Auslenkung u durch Überlagerung harmonischer Schwingungen ergibt. Die Grundschwingung, deren Einfluß oftmals überwiegt, hat die Frequenz $\nu_1 = \dfrac{a}{2l}$.

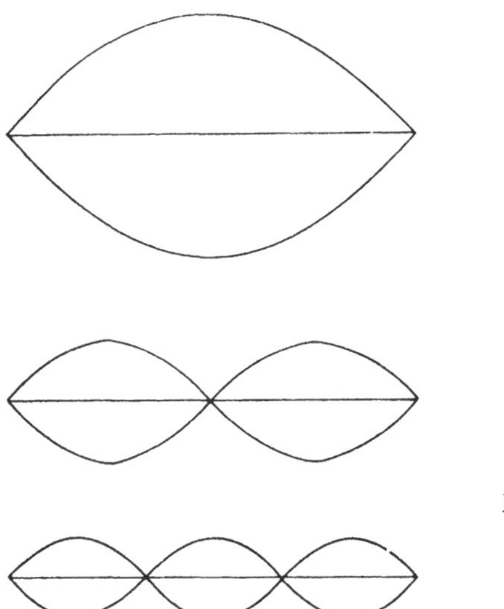

Bild 4.2

* *Aufgabe 4.5:* Eine an ihren Enden $x = 0$ und $x = l$ befestigte Saite habe zur Zeit $t = 0$ die Auslenkung

$$\varphi(x) = \begin{cases} \dfrac{4}{l}\, x & \text{für} \quad 0 \leqq x \leqq \dfrac{l}{4}, \\[2ex] \dfrac{4}{3l}\, (l - x) & \text{für} \quad \dfrac{l}{4} < x \leqq l \end{cases}$$

und die Anfangsgeschwindigkeit Null (gezupfte Saite). Berechnen Sie mit Hilfe der Fourierschen Methode die Auslenkung $u(x, t)$ unter der Voraussetzung, daß keine äußeren Kräfte wirken!

* *Aufgabe 4.6:* Eine an ihren Enden $x = 0$ und $x = l$ befestigte Saite werde durch eine zeitlich periodisch wirkende Kraft mit $f(x, t) = h(x) \sin \omega t$ aus dem Ruhezustand heraus in Schwingungen versetzt. Berechnen Sie mit Hilfe der Fourierschen Methode die Auslenkung $u(x, t)$!

* *Aufgabe 4.7:* Das Problem einer mit Dämpfung schwingenden Saite, die an ihren Enden $x = 0$ und $x = l$ befestigt ist, wird beim Fehlen äußerer Kräfte durch das folgende ARWP beschrieben:

$$\frac{\partial^2 u}{\partial t^2} + 2\gamma\, \frac{\partial u}{\partial t} - a^2\, \frac{\partial^2 u}{\partial x^2} = 0 \qquad (\gamma > 0 \text{ const}),$$

$$u(0, t) = u(l, t) = 0, \qquad u(x, 0) = \varphi(x), \qquad u_t(x, 0) = \psi(x)$$

$$(0 \leqq x \leqq l, t \geqq 0).$$

Bestimmen Sie nach der Fourierschen Methode die Lösung $u(x, t)$ für den Fall $\gamma < a\pi/l$ (schwache Dämpfung)!

4.3.4. Die zweidimensionale Wellengleichung (Membrangleichung)

Wir betrachten für die Transversalschwingungen einer *Membran* ohne Einwirkung äußerer Kräfte die *homogene Gleichung*

$$u_{tt} - a^2 \Delta u = 0 \tag{4.59}$$

aus Beispiel 4.3 mit

$$\Delta u(x, y, t) = \frac{\partial^2 u}{\partial x^2} + \frac{\partial^2 u}{\partial y^2}$$

Auch hier können wir bei gewissen ARWP mit Erfolg die Fouriersche Methode anwenden. Zu diesem Zweck separieren wir durch einen Produktansatz die zeitliche Variable t von den räumlichen Variablen x und y. Wir machen also zunächst wie bei der Saitengleichung den

1. Schritt: *Bestimmung partikulärer Lösungen durch den Produktansatz* $u(x, y, t)$ $= U(x, y)\, T(t)$.
Einsetzen in die Differentialgleichung liefert

$$U(x, y)\, T''(t) - a^2 T(t)\, \Delta U = 0,$$

woraus

$$\frac{\Delta U}{U} = \frac{T''}{a^2 T} = \lambda$$

mit $\lambda = $ const. folgt. Wir erhalten somit die beiden Gleichungen

$$\Delta U - \lambda U = 0,$$

$$T'' - \lambda a^2 T = 0.$$

Die erste dieser Gleichungen heißt **Helmholtzsche Gleichung**. Mit Lösungen $U(x, y)$ und $T(t)$ dieser Differentialgleichungen sind dann die Funktionen $u = U \cdot T$ Lösungen von $u_{tt} - a^2\, \Delta u = 0$. Da die Behandlung der Helmholtzschen Gleichung sehr schwierig ist, wollen wir gar nicht erst versuchen, eine allgemeine Lösung zu finden, sondern steuern im nächsten Schritt direkt auf Lösungen zu, die den Randbedingungen genügen. Die einfach zu lösende Differentialgleichung für T begegnete uns bereits im Abschnitt 4.3.3.2.

2. Schritt: *Anpassung der Lösungen an die Randbedingungen.*
Die Membran nehme im Ruhezustand das Gebiet G der x,y-Ebene ein. Je nach der konkreten Aufgabe sind dann verschiedene Randbedingungen möglich. Zum Beispiel kann die Membran ganz oder teilweise auf dem Rand ∂G von G eingespannt sein oder freie Begrenzungen haben. Längs der festen Einspannung verschwindet dann offenbar u. Man kann ferner zeigen, daß längs eines freien Randes die Normalableitung von u verschwindet (vgl. dazu die analogen Randbedingungen für eine Saite in Abschnitt 4.3.2.). Für eine beispielsweise eingespannte Membran bedeuten dann also die Randbedingungen für die partikulären Lösungen $u = U \cdot T$:

$$U(x, y) \cdot T(t)\big|_{(x,y)\in\partial G} = 0,$$

5*

so daß wir zur weiteren Bestimmung von U die zweidimensionale Eigenwertaufgabe

$$\Delta U - \lambda U = 0 \text{ in } G, \quad U|_{\partial G} = 0 \tag{4.60}$$

erhalten. Die Aufgabe (4.60) können wir als zweidimensionales Analogon zu der bei der eingespannten Saite auftretenden Eigenwertaufgabe (4.55) auffassen, allerdings bereitet ihre Behandlung erhebliche Schwierigkeiten. In einfachen Fällen ist wieder der Produktansatz anwendbar. Wir wollen diesen Weg am Beispiel der *eingespannten Rechteckmembran* vorführen.

Die Membran bilde in der Ruhelage etwa das Rechteck $0 \leq x \leq b$, $0 \leq y \leq c$. Bei vorgegebenen Anfangsbedingungen (Anfangsauslenkung und Anfangsgeschwindigkeit) lautet dann also unser ARWP:

$$
\begin{aligned}
&u_{tt} - a^2 \Delta u = 0, \\
&u(0, y, t) = 0, \qquad\qquad u(b, y, t) = 0, \\
&u(x, 0, t) = 0, \qquad\qquad u(x, c, t) = 0, \\
&u(x, y, 0) = \varphi(x, y), \quad u_t(x, y, 0) = \psi(x, y), \\
&(0 \leq x \leq b, 0 \leq y \leq c, t \geq 0).
\end{aligned}
\tag{4.61}
$$

Die im 1. Schritt vorgenommene Separation ergibt die Eigenwertaufgabe (4.60) für das betrachtete Rechteck:

$$
\begin{aligned}
&\Delta U - \lambda U = 0, \\
&U(0, y) = 0,\, U(b, y) = 0,\, U(x, 0) = 0,\, U(x, c) = 0, \\
&(0 \leq x \leq b, 0 \leq y \leq c).
\end{aligned}
\tag{4.62}
$$

Einsetzen des Produktansatzes $U(x, y) = X(x)\, Y(y)$ in die Differentialgleichung liefert $X'' Y + X Y'' - \lambda X Y = 0$, woraus durch Trennung der Veränderlichen

$$\frac{X''}{X} = -\frac{Y''}{Y} + \lambda = \mu$$

mit $\mu = \text{const.}$ folgt. Die Helmholtzsche Gleichung zerfällt damit in die beiden gewöhnlichen Differentialgleichungen

$$X'' - \mu X = 0, \quad Y'' - (\lambda - \mu)\, Y = 0.$$

Unter Beachtung der Randbedingungen aus (4.62) folgen, wenn wir noch $\lambda - \mu = \nu$ setzen, die beiden Eigenwertaufgaben

$$
\begin{aligned}
&X'' - \mu X = 0,\, X(0) = 0,\, X(b) = 0, \\
&Y'' - \nu Y = 0,\, Y(0) = 0,\, Y(c) = 0.
\end{aligned}
\tag{4.63}
$$

Diese Eigenwertaufgaben sind uns bereits mehrfach begegnet (s. z. B. 4.3.3.2.). Für X lauten die Eigenwerte $\mu_m = -m^2\pi^2/b^2$ $(m = 1, 2, 3, \ldots)$ mit den Eigenfunktionen $X_m = \sin \dfrac{m\pi}{b} x$. Für Y lauten die Eigenwerte $\nu_n = -n^2\pi^2/c^2$ $(n = 1, 2, 3, \ldots)$ mit den Eigenfunktionen $Y_n = \sin \dfrac{n\pi}{c} y$. Damit haben wir in

$$U_{mn}(x, y) = X_m(x)\, Y_n(y) = \sin \frac{m\pi}{b} x \cdot \sin \frac{n\pi}{c} y \quad (m, n = 1, 2, 3, \ldots)$$

Eigenfunktionen der Aufgabe (4.62) gefunden. Wegen $\lambda = \mu + \nu$ gehört U_{mn} zum Eigenwert $\lambda_{mn} = -\pi^2 (m^2/b^2 + n^2/c^2)$.

Wir sind nun in der Lage, die im 2. Schritt vorzunehmende Anpassung der partikulären Lösungen an die Randbedingungen zu Ende zu führen.

Für $\lambda = \lambda_{mn}$ erhalten wir aus dem 1. Schritt für T die Differentialgleichungen

$$T'' + \left(\frac{m^2}{b^2} + \frac{n^2}{c^2} \right) \pi^2 a^2 \, T = 0.$$

Ihre Lösungen lauten

$$T_{mn}(t) = A_{mn} \cos \sqrt{\frac{m^2}{b^2} + \frac{n^2}{c^2}} \, \pi a t + B_{mn} \sin \sqrt{\frac{m^2}{b^2} + \frac{n^2}{c^2}} \, \pi a t.$$

Damit sind die Funktionen $u_{mn}(x, y, t) = U_{mn}(x, y) \, T_{mn}(t)$ $(m, n = 1, 2, 3, \ldots)$ Lösungen der Differentialgleichung $u_{tt} - a^2 \, \Delta u = 0$, welche die homogenen Randbedingungen aus (4.61) erfüllen.

3. Schritt: *Erfüllung der Anfangsbedingungen mittels Reihenansatz.*
Mit dem Ansatz

$$u(x, y, t) = \sum_{m=1}^{\infty} \sum_{n=1}^{\infty} u_{mn}(x, y, t)$$

$$= \sum_{m=1}^{\infty} \sum_{n=1}^{\infty} \left(A_{mn} \cos \sqrt{\frac{m^2}{b^2} + \frac{n^2}{c^2}} \, \pi a t + B_{mn} \sin \sqrt{\frac{m^2}{b^2} + \frac{n^2}{c^2}} \, \pi a t \right) \cdot \sin \frac{m\pi}{b} x \sin \frac{n\pi}{c} y$$

$$\tag{4.64}$$

werden nun durch geeignete Wahl der freien Konstanten A_{mn} und B_{mn} auch noch die Anfangsbedingungen erfüllt.

Einsetzen der Anfangsbedingungen $u(x, y, 0) = \varphi(x, y)$, $u_t(x, y, 0) = \psi(x, y)$ ergibt

$$\sum_{m=1}^{\infty} \sum_{n=1}^{\infty} A_{mn} \sin \frac{m\pi}{b} x \sin \frac{n\pi}{c} y = \varphi(x, y),$$

$$\pi a \sum_{m=1}^{\infty} \sum_{n=1}^{\infty} \sqrt{\frac{m^2}{b^2} + \frac{n^2}{c^2}} \, B_{mn} \sin \frac{m\pi}{b} x \sin \frac{n\pi}{c} y = \psi(x, y).$$

$$\tag{4.65}$$

Für die Bestimmung von A_{mn} und B_{mn} entsteht jetzt das Problem, die Funktionen φ und ψ nach den Eigenfunktionen U_{mn} in sogenannte *Fouriersche Doppelreihen* zu entwickeln. Wir können dabei folgendermaßen vorgehen. Wir denken uns eine Funktion $v(x, y)$ zunächst nach den Funktionen $\sin \frac{m\pi}{b} x$ entwickelt, wobei wir y als einen Parameter auffassen:

$$v(x, y) = \sum_{m=1}^{\infty} a_m(y) \sin \frac{m\pi}{b} x \quad \text{mit} \quad a_m(y) = \frac{2}{b} \int_0^b v(x, y) \sin \frac{m\pi}{b} x \, \mathrm{d}x.$$

Dann wird $a_m(y)$ nach den Funktionen $\sin \frac{n\pi}{c} y$ entwickelt:

$$a_m(y) = \sum_{n=1}^{\infty} a_{mn} \sin \frac{n\pi}{c} y \quad \text{mit} \quad a_{mn} = \frac{2}{c} \int_0^c a_m(y) \sin \frac{n\pi}{c} y \, \mathrm{d}y.$$

Durch Einsetzen folgt

$$v(x, y) = \sum_{m=1}^{\infty} \sum_{n=1}^{\infty} a_{mn} \sin \frac{m\pi}{b} x \sin \frac{n\pi}{c} y$$

mit

$$a_{mn} = \frac{4}{bc} \int_0^c \int_0^b v(x, y) \sin \frac{m\pi}{b} x \sin \frac{n\pi}{c} y \, \mathrm{d}x \, \mathrm{d}y .$$

Aus dieser Formel erhalten wir wegen (4.65):

$$A_{mn} = \frac{4}{bc} \int_0^c \int_0^b \varphi(x, y) \sin \frac{m\pi}{b} x \sin \frac{n\pi}{c} y \, \mathrm{d}x \, \mathrm{d}y ,$$

$$B_{mn} = \frac{4}{\pi a \sqrt{m^2 c^2 + n^2 b^2}} \int_0^c \int_0^b \psi(x, y) \sin \frac{m\pi}{b} x \sin \frac{n\pi}{c} y \, \mathrm{d}x \, \mathrm{d}y .$$

$$(4.66)$$

Ergebnis: Die Lösung des ARWP (4.61) ist durch (4.64) mit den Konstanten A_{mn} und B_{mn} gemäß (4.66) gegeben.

Wir haben hier die Fouriersche Methode angewendet, ohne auf die benötigten Voraussetzungen zu achten. Diesbezüglich sei auf die Bemerkungen am Ende von Abschnitt 4.3.2. verwiesen. Abgesehen von diesen Voraussetzungen sind jedoch der Anwendung des Produktansatzes für die Membrangleichung im Gegensatz zur Saitengleichung prinzipielle Grenzen gesetzt, nämlich bei der Lösung des entstehenden Eigenwertproblems für die Helmholtzsche Gleichung. Im obigen Beispiel der Rechteckmembran zerfällt diese Eigenwertaufgabe deshalb in zwei eindimensionale Eigenwertaufgaben, weil der Rand aus Teilen von Koordinatenlinien des x,y-Koordinatensystems besteht und damit die Randbedingungen getrennt für beide Variablen formuliert werden können. Bei anderen Membranformen muß man deshalb krummlinige Koordinaten derart einführen, daß die Membran von Koordinatenlinien begrenzt wird, und transformiert dann die Helmholtzsche Gleichung auf diese Koordinaten. Damit lassen sich jetzt zwar wie angestrebt die Randbedingungen getrennt für die einzelnen Variablen formulieren, aber – und das ist die genannte Grenze – die Separation der Differentialgleichung selbst ist nicht immer möglich. Gelingt jedoch die Lösung des Eigenwertproblems für die Helmholtzsche Differentialgleichung mit Hilfe anderer Methoden, die wir hier nicht darlegen können, so steht der weiteren Behandlung der Membrangleichung nach der Fourierschen Methode prinzipiell nichts mehr im Wege. In einigen Koordinaten, z. B. Polarkoordinaten, kann allerdings die Helmholtzsche Gleichung noch separiert werden. In [6] wird auf diese Weise die Kreismembran behandelt.

Wie die dem Produktansatz gesetzten Grenzen durch Anwendung anderer Methoden zu überwinden sind, können wir hier nicht erörtern. Für Schwingungsvorgänge in unbegrenzten Gebieten sei jedoch auf den nächsten Abschnitt verwiesen.

Auf die Darlegung der Fourierschen Methode bei der *inhomogenen Membrangleichung* verzichten wir hier. Dies geschieht in Analogie zur Saitengleichung durch einen Ansatz als Entwicklung nach den Eigenfunktionen der Helmholtzschen Gleichung.

Aufgabe 4.8: Gegeben sei eine quadratische Membran $0 \leq x \leq b$, $0 \leq y \leq b$ auf die keine äußeren *
Kräfte wirken.

a) Wie groß ist die zweitkleinste Frequenz ν_2, mit der die Membran schwingen kann?

b) Bestimmen Sie für die Anfangsgeschwindigkeit $\psi(x, y) = 0$ alle Anfangsauslenkungen $\varphi(x, y)$,
für welche nur Schwingungen mit der zweitkleinsten Frequenz ν_2 entstehen!

c) Wie lautet für den Fall b) die Gleichung zur Bestimmung der Knotenlinien (d.h. Linien, die zu
jedem Zeitpunkt die Auslenkung Null haben)? Geben Sie in einigen einfachen Fällen ihre Lösungen
an!

4.3.5. Die dreidimensionale Wellengleichung

Wir betrachten für $u = u(x, y, z, t)$ die *dreidimensionale Wellengleichung* aus Beispiel 4.4:

$$\frac{\partial^2 u}{\partial t^2} - a^2 \Delta u = f(x, y, z, t). \tag{4.67}$$

Der Differentialoperator

$$\square := \frac{\partial^2}{\partial t^2} - a^2 \Delta \quad \text{(lies: Viereck)}$$

heißt **Lorentzoperator.**

In Analogie zum ein- und zweidimensionalen Fall ergibt sich ein für (4.67) typisches ARWP, wenn in einem begrenzten Gebiet G des x,y,z-Raumes eine Lösung
gesucht ist, die vorgegebene Anfangswerte $u(x, y, z, 0)$ und $u_t(x, y, z, 0)$ besitzt und
auf dem Rand ∂G von G noch gewissen Randbedingungen genügt. Wir können ein
solches ARWP wieder analog zu Abschnitt 4.3.4. mit Hilfe der Fourierschen Methode
behandeln. Jedoch besteht auch hier wieder wie im zweidimensionalen Fall die
Schwierigkeit darin, daß die durch Separation entstehende Eigenwertaufgabe für die
jetzt dreidimensionale Helmholtzsche Gleichung nur in Sonderfällen selbst wieder
durch einen Produktansatz gelöst werden kann.

Für ein *reines AWP*, bei dem eine Lösung mit vorgegebenen Anfangsbedingungen
im ganzen Raum gesucht wird, ohne daß Randbedingungen gefordert werden, wollen wir jetzt eine Lösungsformel auf einem von der Fourierschen Methode völlig verschiedenen Weg herleiten. Diese Formel kann als Analogon zur d'Alembertschen
Lösung für die unendlich lange Saite angesehen werden.

Das zu lösende AWP lautet also jetzt:

$$\square\, u = f(x, y, z, t),$$
$$u(x, y, z, 0) = \varphi(x, y, z), \; u_t(x, y, z, 0) = \psi(x, y, z), \; (t \geq 0). \tag{4.68}$$

Um zur Lösung zu gelangen, müssen wir zunächst zwei weitere Formeln bereitstellen,
nämlich die Greensche Darstellungsformel und die Kirchhoffsche Wellenformel.

Es sei B ein beschränkter räumlicher Bereich mit dem Rand ∂B, und $\mathbf{n}$ sei der nach
außen orientierte Normaleinheitsvektor auf ∂B. Mit $\mathbf{x}$ bezeichnen wir den Ortsvektor
des variablen Punktes $M(x, y, z)$ und mit $\mathbf{x}_0$ den Ortsvektor eines festen Punktes
$M_0(x_0, y_0, z_0)$ im Inneren von B. In Band 5, 7.4. wurde als Anwendung der Greenschen Formeln auf eine in B harmonische Funktion v (d.h $\Delta v = 0$), die in B einschließlich ∂B nebst 1. und 2. Ableitungen stetig ist, folgende Beziehung, die sogenannte Greensche Darstellungsformel für harmonische Funktionen, hergeleitet:

$$v(x_0, y_0, z_0) = \frac{1}{4\pi} \iint_{\partial B} \left(\frac{\mathbf{x} - \mathbf{x}_0}{|\mathbf{x} - \mathbf{x}_0|^3} v + \frac{1}{|\mathbf{x} - \mathbf{x}_0|} \operatorname{grad} v \right) \cdot \mathbf{n} \, \mathrm{d}f. \tag{4.69}$$

Voraussetzung war hierbei noch, daß B den Bedingungen für die Anwendbarkeit des Gaußschen Integralsatzes genügt (siehe Band 5, 7.2.).

Wir bezeichnen den Abstand $|\mathbf{x} - \mathbf{x}_0|$ der Punkte M und M_0 mit r (Bild 4.3.). Da das innere Produkt des Gradienten einer Funktion w mit $\mathbf{n}$ gerade die Normalablei-

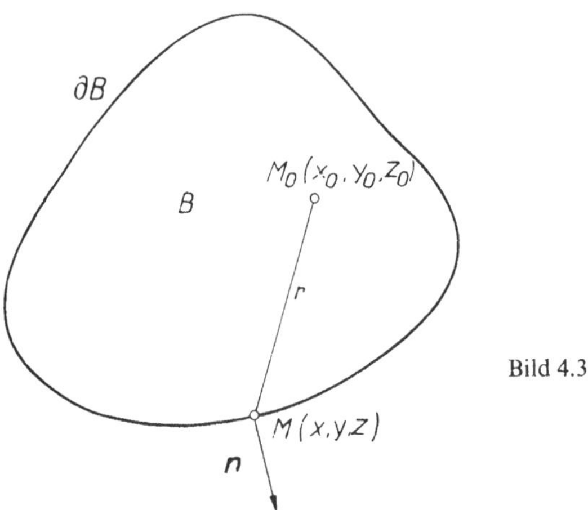

Bild 4.3

tung $\partial w/\partial\mathbf{n}$ ist, erhalten wir wegen $-\operatorname{grad}(1/r) = (\mathbf{x} - \mathbf{x}_0)/|\mathbf{x} - \mathbf{x}_0|^3$ die Greensche Darstellungsformel für eine harmonische Funktion v in der Gestalt

$$v(x_0, y_0, z_0) = \frac{1}{4\pi} \iint\limits_{\partial B} \left(\frac{1}{r} \frac{\partial v}{\partial\mathbf{n}} - v \frac{\partial \dfrac{1}{r}}{\partial\mathbf{n}} \right) \mathrm{d}f. \tag{4.70}$$

Wir benötigen noch eine Erweiterung dieser Formel für den Fall, daß v nicht notwendig harmonisch ist. In Band 5, 7.4. konnte bei der Herleitung der obigen Formel (4.69) aus der 2. Greenschen Integralformel das Glied $(1/r)\,\Delta v$ (dort u statt v) weggelassen werden, da v harmonisch war. Führen wir jedoch dieses Glied in der Rechnung mit, so sehen wir, daß es den Beitrag $-\dfrac{1}{4\pi} \iiint\limits_{B} \dfrac{1}{r}\,\Delta v\,\mathrm{d}b$ leistet. Wir erhalten somit für eine beliebige in B einschließlich ∂B zweimal stetig differenzierbare Funktion v die **Greensche Darstellungsformel**

$$v(x_0, y_0, z_0) = \frac{1}{4\pi} \iint\limits_{\partial B} \left(\frac{1}{r} \frac{\partial v}{\partial\mathbf{n}} - v \frac{\partial \dfrac{1}{r}}{\partial\mathbf{n}} \right) \mathrm{d}f - \frac{1}{4\pi} \iiint\limits_{B} \frac{1}{r}\,\Delta v\,\mathrm{d}b. \tag{4.71}$$

Diese Formel gestattet die Berechnung eines Funktionswertes durch gewisse andere Werte der Funktion und ihrer Ableitungen. Es erscheint deshalb sinnvoll, durch Anwendung dieser Formel auf die Lösung u des AWP (4.68) eine Integraldarstellung von u zu erhalten, die weiterer Bearbeitung zugänglich ist. Um das weitere Vorgehen zu motivieren, sei an die d'Alembertsche Lösungsformel für die eindimensionale Wellengleichung erinnert. Dort ist die Lösung abhängig von den Argumenten $x \pm at$;

anders ausgedrückt, die Lösung ist abhängig von den Argumenten $t \pm x/a$. Das läßt vermuten, daß Argumente ähnlicher Struktur auch im dreidimensionalen Fall auftreten. Die mathematische Durchrechnung zeigt, wie wir sehen werden, daß die Einführung von $t - r/a$ zum Ziele führt. Physikalisch gesehen, läßt sich dies damit motivieren, daß bei der Ausbreitungsgeschwindigkeit a die Entfernung r in der Zeit r/a zurückgelegt wird. Wir führen deshalb für eine Funktion $\omega(x, y, z, t)$ ihre sogenannte **retardierte Größe**

$$[\omega] := \omega\left(x, y, z, t - \frac{r}{a}\right)$$

ein. Für die Lösung $u(x, y, z, t)$ unseres AWP wenden wir (4.71) auf $[u]$ an und erhalten wegen $[u] = u$ in M_0:

$$u(x_0, y_0, z_0, t) = \frac{1}{4\pi} \iint\limits_{\partial B} \left(\frac{1}{r} \frac{\partial [u]}{\partial \mathbf{n}} - [u] \frac{\partial \frac{1}{r}}{\partial \mathbf{n}}\right) df - \frac{1}{4\pi} \iiint\limits_{B} \frac{1}{r} \Delta[u]\, db.$$

Wir formen die Integranden noch etwas um. Mit Hilfe der Kettenregel ergibt sich

$$\frac{\partial [u]}{\partial \mathbf{n}} = \left[\frac{\partial u}{\partial \mathbf{n}}\right] - \frac{1}{a}\left[\frac{\partial u}{\partial t}\right] \frac{\partial r}{\partial \mathbf{n}}.$$

Ferner gilt die Gleichheit $\dfrac{1}{r}\Delta[u] = -\operatorname{div}\left(\dfrac{2}{ar}\left[\dfrac{\partial u}{\partial t}\right]\operatorname{grad} r\right) - \dfrac{1}{a^2 r}[f]$, wie man unter Beachtung von (4.67) durch Nachrechnen bestätigt. Durch Einsetzen in die obigen Integrale folgt

$$u(x_0, y_0, z_0, t) = \frac{1}{4\pi} \iint\limits_{\partial B} \left(\frac{1}{r}\left[\frac{\partial u}{\partial \mathbf{n}}\right] - \frac{1}{ar}\left[\frac{\partial u}{\partial t}\right]\frac{\partial r}{\partial \mathbf{n}} - [u]\frac{\partial \frac{1}{r}}{\partial \mathbf{n}}\right) df$$

$$+ \frac{1}{4\pi} \iiint\limits_{B} \left(\operatorname{div}\left(\frac{2}{ar}\left[\frac{\partial u}{\partial t}\right]\operatorname{grad} r\right) + \frac{1}{a^2 r}[f]\right) db.$$

Auf den ersten Summanden des zweiten Integrals wenden wir den Gaußschen Integralsatz an:

$$\frac{1}{4\pi}\iiint\limits_{B} \operatorname{div}\left(\frac{2}{ar}\left[\frac{\partial u}{\partial t}\right]\operatorname{grad} r\right) db = \frac{1}{4\pi}\iint\limits_{\partial B} \frac{2}{ar}\left[\frac{\partial u}{\partial t}\right]\operatorname{grad} r \cdot \mathbf{n}\, df.$$

Wegen $\operatorname{grad} r \cdot \mathbf{n} = \dfrac{\partial r}{\partial \mathbf{n}}$ erhalten wir schließlich

$$u(x_0, y_0, z_0, t) = \frac{1}{4\pi}\iint\limits_{\partial B}\left(\frac{1}{r}\left[\frac{\partial u}{\partial \mathbf{n}}\right] + \frac{1}{ar}\left[\frac{\partial u}{\partial t}\right]\frac{\partial r}{\partial \mathbf{n}} - [u]\frac{\partial \frac{1}{r}}{\partial \mathbf{n}}\right) df$$

$$+ \frac{1}{4\pi a^2}\iiint\limits_{B}\frac{[f]}{r}\, db. \tag{4.72}$$

Das ist die **Kirchhoffsche Wellenformel**. Durch sie wird also die gesuchte Größe u zur Zeit t in einem im Inneren eines Bereiches B gelegenen Punkt $M_0(x_0, y_0, z_0)$ dargestellt durch die Werte von u, $\dfrac{\partial u}{\partial t}$, $\dfrac{\partial u}{\partial \mathbf{n}}$ auf dem Rand von B zu dem früheren Zeitpunkt $t - r/a$. Die Zeitdifferenz r/a ist gerade die Zeit, die benötigt wird, um mit der Geschwindigkeit a vom jeweiligen Randpunkt nach M_0 zu gelangen. Dazu kommt noch die Abhängigkeit von f, natürlich auch in retardierter Form. Physikalisch gesehen ist es selbstverständlich, daß bei einem Wellenvorgang mit der Ausbreitungsgeschwindigkeit a eine Größe in einem Punkt zur Zeit t von Größen an anderen Punkten zur retardierten Zeit abhängen muß. Die Kirchhoffsche Wellenformel beschreibt diese Abhängigkeit quantitativ und hat daher eine große physikalische Bedeutung. Sie liefert jedoch offenbar nicht unmittelbar die Lösung des AWP (4.68). Um zu dieser Lösung zu gelangen, müssen wir weitere Umformungen so vornehmen, daß die Anfangsbedingungen eingebaut werden können; wir müssen also die bei dem Oberflächenintegral der Kirchhoffschen Wellenformel auftretenden retardierten Größen durch die gegebenen Anfangsgrößen $u(x, y, z, 0) = \varphi(x, y, z)$ und $u_t(x, y, z, 0) = \psi(x, y, z)$ ausdrücken. Um dafür einen Ansatzpunkt zu erhalten, beachten wir, daß $u(x, y, z, 0)$ auf der Oberfläche der Kugel K_{at} mit Radius $r = at$ und Mittelpunkt M_0 gleich der retardierten Größe $u(x, y, z, t - r/a)$ ist, also $[u]|_{\partial K_{at}} = \varphi$. Es erscheint also erfolgversprechend, wenn wir speziell $B = K_{at}$ setzen. Dann gilt

$$\frac{\partial}{\partial \mathbf{n}} = \frac{\partial}{\partial r}, \text{ also } \frac{\partial r}{\partial \mathbf{n}} = 1 \text{ und } \frac{\partial \frac{1}{r}}{\partial \mathbf{n}} = -\frac{1}{r^2}.$$

Nun sind noch die retardierten Größen $\left[\dfrac{\partial u}{\partial t}\right]$ und $\left[\dfrac{\partial u}{\partial \mathbf{n}}\right]$ auszuwerten. Sofort ist zu sehen, daß für eine Funktion ω stets $\left[\dfrac{\partial \omega}{\partial t}\right] = \dfrac{\partial [\omega]}{\partial t}$ gilt. Damit erhalten wir auf ∂K_{at} $\left[\dfrac{\partial u}{\partial t}\right] = \dfrac{\partial [u]}{\partial t} = \psi$. $\left[\dfrac{\partial u}{\partial \mathbf{n}}\right]$ können wir auf ∂K_{at} umformen gemäß

$$\left[\frac{\partial u}{\partial \mathbf{n}}\right] = \left[\frac{\partial u}{\partial r}\right] = \frac{1}{r}\left[\frac{\partial (ru)}{\partial r}\right] - \frac{1}{r}[u] = \frac{1}{r}\frac{\partial [ru]}{\partial r} - \frac{1}{r}[u]$$

$$= \frac{1}{r}\frac{\partial r[u]}{\partial r} - \frac{1}{r}[u] = \frac{1}{at}\frac{\partial (t\varphi)}{\partial t} - \frac{1}{at}\varphi.$$

Damit lautet dann der Integrand bei der Integration über ∂K_{at}:

$$\frac{1}{at}\left(\frac{1}{at}\frac{\partial (t\varphi)}{\partial t} - \frac{1}{at}\varphi\right) + \frac{1}{a^2t}\psi + \frac{1}{a^2t^2}\varphi = \frac{1}{a^2t^2}\frac{\partial (t\varphi)}{\partial t} + \frac{1}{a^2t}\psi.$$

Setzen wir dies ein, so folgt

$$u(x_0, y_0, z_0, t) = \frac{1}{4\pi a^2 t^2} \iint\limits_{\partial K_{at}} \left(\frac{\partial (t\varphi)}{\partial t} + t\psi\right) df + \frac{1}{4\pi a^2} \iiint\limits_{K_{at}} \frac{[f]}{r} db. \qquad (4.73\,\text{a})$$

Dies ist die **Poissonsche Wellenformel**. Sie liefert die Lösung des AWP (4.68). Für manche Zwecke ist eine Darstellung, die die Abhängigkeit von den Anfangswerten noch deutlicher zum Ausdruck bringt, günstig. Führt man bei der Integration über ∂K_{at} Kugelkoordinaten ein, so werden die Integrationsgrenzen zeitunabhängig, so daß die Differentiation nach t vor das Integralzeichen gezogen werden kann. Die Durchführung dieser Rechnung liefert nach Rücktransformation in die koordinatenfreie Gestalt die Poissonsche Wellenformel in der Form

$$u(x_0, y_0, z_0, t) = \frac{\partial}{\partial t}\left(\frac{1}{4\pi a^2 t}\iint_{\partial K_{at}}\varphi\,df\right) + \frac{1}{4\pi a^2 t}\iint_{\partial K_{at}}\psi\,df$$

$$+ \frac{1}{4\pi a^2}\iiint_{K_{at}}\frac{[f]}{r}\,db. \tag{4.73 b}$$

Mit den über die Kugeloberfläche ∂K_{at} gebildeten Mittelwerten

$$M_{at}(\varphi) = \frac{1}{4\pi a^2 t^2}\iint_{\partial K_{at}}\varphi\,df \quad\text{und}\quad M_{at}(\psi) = \frac{1}{4\pi a^2 t^2}\iint_{\partial K_{at}}\psi\,df$$

der Funktionen φ und ψ lautet die Poissonsche Wellenformel

$$u(x_0, y_0, z_0, t) = \frac{\partial}{\partial t}\,(tM_{at}(\varphi)) + tM_{at}(\psi) + \frac{1}{4\pi a^2}\iiint_{K_{at}}\frac{[f]}{r}\,db. \tag{4.73 c}$$

Aus der Poissonschen Wellenformel kann man die Lösung des zu (4.68) analogen *zweidimensionalen AWP*

$$\frac{\partial^2 u(x, y, t)}{\partial t^2} - a^2 \Delta u(x, y, t) = f(x, y, t),$$

$$u(x, y, 0) = \varphi(x, y),\quad u_t(x, y, 0) = \psi(x, y), \tag{4.74}$$

$$(t \geqq 0)$$

herleiten, indem φ, ψ und f als von z unabhängig betrachtet werden. Wie dies im einzelnen geschieht – nach der sogenannten *Hadamardschen Abstiegsmethode* – wollen wir hier nicht ausführen.[1]) Es sei lediglich als Ergebnis mitgeteilt, daß die Lösung von (4.74) gegeben ist durch

$$u(x_0, y_0, t) = \frac{1}{2\pi a}\frac{\partial}{\partial t}\iint_{K_{at}}\frac{\varphi(x, y)}{\sqrt{a^2 t^2 - r^2}}\,db + \frac{1}{2\pi a}\iint_{K_{at}}\frac{\psi(x, y)}{\sqrt{a^2 t^2 - r^2}}\,db$$

$$+ \frac{1}{2\pi a}\int_0^t\iint_{K_{a(t-\tau)}}\frac{f(x, y, \tau)}{\sqrt{a^2(t-\tau)^2 - r^2}}\,db\,d\tau. \tag{4.75}$$

Dabei sind K_{at} und $K_{a(t-\tau)}$ die Kreisscheiben mit Mittelpunkt $M_0(x_0, y_0)$ und den Radien at und $a(t-\tau)$, und r ist der Abstand zwischen $M_0(x_0, y_0)$ und $M(x, y)$. Diese Formel heißt **Poisson-Parsevalsche Wellenformel**. Durch weitere Reduzierung der Dimension mit Hilfe der Hadamardschen Abstiegsmethode erhält man die d'Alembertsche Lösungsformel für die eindimensionale Wellengleichung.

Aufgabe 4.9: Eine Zustandsgröße $u(x, y, z, t)$ genüge der homogenen dreidimensionalen Wellengleichung. Bestimmen Sie u im Punkt $M_0(0, 0, 0)$, wenn der Anfangszustand nur vom Abstand von M_0 abhängt!

---

[1]) Vgl. hierzu [3].

4.4. Elliptische Differentialgleichungen

4.4.1. Beispiele

Als typischen und wichtigsten Fall der elliptischen Differentialgleichungen wollen wir uns mit der Potentialgleichung befassen, die eine herausragende Rolle bei vielen *stationären Prozessen* spielt. Wir hatten sie bereits früher kennengelernt, wollen sie aber wegen ihrer Bedeutung nochmals hervorheben durch die

D.4.1 Definition 4.1: *Die Gleichung*

$$\Delta u = f \tag{4.76}$$

heißt **Potentialgleichung.** *Die homogene Potentialgleichung*

$$\Delta u = 0 \tag{4.77}$$

nennt man auch **Laplacesche Gleichung,** *die inhomogene Potentialgleichung* ($f \not\equiv 0$) *auch* **Poissonsche Gleichung.** *Eine Funktion, die der Laplaceschen Gleichung genügt und nebst 1. und 2. Ableitungen stetig ist, heißt* **harmonische Funktion.**

Δ ist dabei wie üblich der *Laplaceoperator.* In *räumlichen kartesischen Koordinaten* x, y, z gilt also

$$\Delta u(x, y, z) = \frac{\partial^2 u}{\partial x^2} + \frac{\partial^2 u}{\partial y^2} + \frac{\partial^2 u}{\partial z^2}. \tag{4.78a}$$

Für *ebene kartesische Koordinaten* x, y gilt entsprechend

$$\Delta u(x, y) = \frac{\partial^2 u}{\partial x^2} + \frac{\partial^2 u}{\partial y^2}. \tag{4.78b}$$

Wir wollen uns den Laplaceoperator noch in den wichtigsten *krummlinigen Koordinaten* notieren.

Räumliche Polarkoordinaten (Kugelkoordinaten)

$x = r \cos \varphi \sin \vartheta$, $y = r \sin \varphi \sin \vartheta$, $z = r \cos \vartheta$:

$$\Delta u(r, \vartheta, \varphi) = \frac{1}{r^2} \frac{\partial}{\partial r}\left(r^2 \frac{\partial u}{\partial r} \right) + \frac{1}{r^2 \sin \vartheta} \frac{\partial}{\partial \vartheta}\left(\sin \vartheta \frac{\partial u}{\partial \vartheta} \right)$$
$$+ \frac{1}{r^2 \sin^2 \vartheta} \frac{\partial^2 u}{\partial \varphi^2}. \tag{4.78c}$$

Zylinderkoordinaten $x = r \cos \varphi$, $y = r \sin \varphi$, $z = z$:

$$\Delta u(r, \varphi, z) = \frac{1}{r} \frac{\partial}{\partial r}\left(r \frac{\partial u}{\partial r} \right) + \frac{1}{r^2} \frac{\partial^2 u}{\partial \varphi^2} + \frac{\partial^2 u}{\partial z^2}. \tag{4.78d}$$

Ebene Polarkoordinaten $x = r \cos \varphi$, $y = r \sin \varphi$:

$$\Delta u(r, \varphi) = \frac{1}{r} \frac{\partial}{\partial r}\left(r \frac{\partial u}{\partial r} \right) + \frac{1}{r^2} \frac{\partial^2 u}{\partial \varphi^2}. \tag{4.78e}$$

Schließlich sei noch an die bereits in 4.2.2. angegebene *koordinatenfreie Darstellung* erinnert:

$$\Delta u = \operatorname{div} \operatorname{grad} u. \tag{4.78f}$$

Nun einige Beispiele für das Auftreten der Potentialgleichung bei physikalisch-technischen Problemen. Auf die physikalische Herleitung der Gleichungen wollen wir dabei verzichten.

Beispiel 4.5: $\mathbf{v}$ sei das Geschwindigkeitsfeld der *stationären Strömung* einer inkompressiblen Flüssigkeit. Der Massenerhaltungssatz nimmt dann in Form der Kontinuitätsgleichung die Gestalt div $\mathbf{v} = 0$ an. Besitzt nun $\mathbf{v}$ ein Potential u, das heißt $\mathbf{v} = \text{grad } u$, so gilt die Laplacesche Gleichung div grad $u = \Delta u = 0$. Eine solche Strömung heißt *Potentialströmung*. Bei Vorhandensein von Quellen oder Senken verschwindet die Divergenz nicht überall, so daß sich für u eine Poissonsche Gleichung ergibt.

Beispiel 4.6: Für die elektrische Feldstärke $\mathbf{E}$ eines durch eine elektrostatische Ladung mit der Dichte ϱ erzeugten Feldes gilt div $\mathbf{E} = \varrho/\varepsilon_0$ (ε_0 Influenzkonstante). Da $\mathbf{E}$ wirbelfrei ist, existiert das *elektrostatische Potential* u: $\mathbf{E} = -\text{grad } u$. Wir erhalten somit div grad $u = \Delta u = -\varrho/\varepsilon_0$. Das elektrostatische Potential genügt also im ladungsfreien Raum einer Laplaceschen Gleichung und innerhalb der durch eine Dichte darstellbaren Ladung einer Poissonschen Gleichung.

Beispiel 4.7: Da das Coulombsche Gesetz und das Newtonsche Gravitationsgesetz in ihrer mathematischen Struktur völlig gleich sind, ergibt sich analog zu Beispiel 4.6, daß das *Gravitationspotential* im massefreien Raum der Laplaceschen Gleichung und innerhalb der durch eine Dichte darstellbaren Masse einer Poissonschen Gleichung genügt, bei welcher die rechte Seite proportional zur Massendichte ist.

Beispiel 4.8: Das Problem der *Torsion eines Stabes* führt unter gewissen Voraussetzungen auf die zweidimensionale Potentialgleichung für die sogenannte *Torsionsfunktion*. Bei Kenntnis dieser Funktion lassen sich dann Spannungen und Deformationen leicht berechnen.

Wie wir in 4.2.2. sahen, tritt die Potentialgleichung auch bei *stationären Temperaturverteilungen* auf.

4.4.2. Die wichtigsten Randwertaufgaben

Wir beginnen mit zwei Beispielen.

Beispiel 4.9: In ein elektrostatisches Feld mit bekanntem Potential u_0 werde ein elektrischer Leiter gebracht, etwa in Form einer geschlossenen Fläche, die der Rand ∂B eines Bereiches B ist. Das Feld induziert auf ∂B eine Ladungsverteilung, die ihrerseits ein Potential u_1 besitzt, so daß für das entstehende noch unbekannte Gesamtpotential $u = u_0 + u_1$ gilt. Da außerhalb ∂B das Potential u_1 harmonisch ist, können wir dort Δu bestimmen: $\Delta u = \Delta u_0$. Auf ∂B ist u als bekannt anzusehen, da es dort konstant ist (elektrischer Leiter!). Der Wert dieser Konstante ergibt sich aus der weiteren Problemstellung (z.B. vorgegebene Spannungsdifferenz zu ∞ durch eine angelegte Spannungsquelle oder vorgegebene Gesamtladung des Leiters durch Aufladen vor Einbringung in das Feld). Mathematisch gesehen, liegt damit die Aufgabe vor, eine Lösung u der Potentialgleichung zu finden bei vorgegebenen Randwerten von u auf dem Rand ∂B eines Bereiches B.

Beispiel 4.10: Beim Umströmen eines Körpers B durch eine Potentialströmung mit dem Potential u ergibt sich auf ∂B für u die Randbedingung $\dfrac{\partial u}{\partial \mathbf{n}} = 0$, da die Normalkomponente von $\mathbf{v}$ natürlich verschwindet. Es liegt also hier eine Aufgabe der Art vor, daß eine Lösung der Potentialgleichung gesucht ist, für die die Normalableitung auf dem Rand eines Bereiches B vorgegeben ist.

Wir haben in diesen Beispielen bereits Vertreter der beiden wichtigsten Randwertaufgaben kennengelernt, die wir jetzt genauer formulieren wollen.

Die 1. Randwertaufgabe (Dirichletsches Problem):

Gesucht ist eine in einem Bereich B einschließlich des Randes ∂B stetige Funktion u

mit

$$\Delta u = 0 \quad \text{im Inneren von } B \tag{4.79}$$

und $\quad u|_{\partial B} = h;$

h ist dabei eine vorgegebene stetige Funktion auf ∂B.

Die 2. Randwertaufgabe (Neumannsches Problem):

Gesucht ist eine in einem Bereich B einschließlich des Randes ∂B stetig differenzierbare Funktion u mit

$$\Delta u = 0 \quad \text{im Inneren von } B \tag{4.80}$$

und $\quad \dfrac{\partial u}{\partial \mathbf{n}}\bigg|_{\partial B} = g;$

g ist dabei eine vorgegebene stetige Funktion auf ∂B.

Beim Neumannschen Problem muß selbstverständlich vorausgesetzt werden, daß ∂B hinreichend glatt ist, z. B. daß eine stetige Normale existiert. Treten Unstetigkeiten auf, so wird man auch Unstetigkeiten von g zulassen müssen und die Erfüllung der Randbedingung an diesen Stellen nicht fordern. Es sei überdies – auch bezüglich des Dirichletschen Problems – auf die am Ende von Abschnitt 4.1. genannte Präzisierung der Problemstellungen hingewiesen.

Von der **3. Randwertaufgabe** spricht man, wenn auf ∂B eine Linearkombination von u und $\dfrac{\partial u}{\partial \mathbf{n}}$ vorgegeben ist.

Wir können die Randwertaufgaben noch weiter unterteilen. Ist B ein beschränkter Bereich, so spricht man von **inneren Problemen** (Bild 4.4). Ist B das Äußere eines beschränkten Bereiches, so handelt es sich um **äußere Probleme**. Bei den äußeren Problemen treten aus mathematischen und physikalischen Gründen noch gewisse „*Randbedingungen*" *im Unendlichen* hinzu. Ohne dies näher zu erläutern, sei bemerkt, daß für dreidimensionale Probleme gefordert wird, daß ru für $r \to \infty$ ($r^2 = x^2 + y^2 + z^2$) beschränkt bleibt, und für zweidimensionale Probleme wird gefordert, daß u für $r \to \infty$ ($r^2 = x^2 + y^2$) beschränkt bleibt (Bild 4.5). Solche harmonischen Funktionen heißen **regulär im Unendlichen**.

Völlig analog ergibt sich die Formulierung der genannten Randwertaufgaben für die Poissonsche Gleichung.

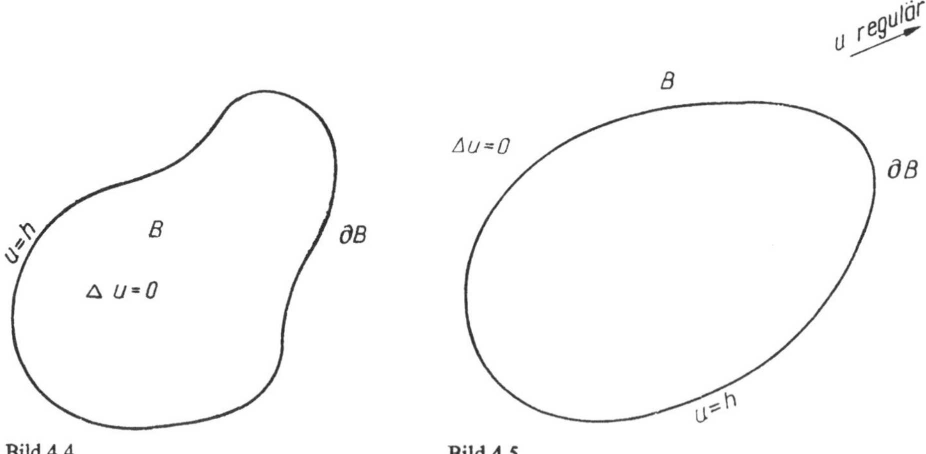

Bild 4.4   Bild 4.5

Wird vom Dirichletschen bzw. Neumannschen Problem gesprochen, so ist in diesem Band die entsprechende Aufgabe für die Laplacesche Gleichung gemeint. Die Randwertaufgaben für die *inhomogene Gleichung* lassen sich leicht auf die Randwertaufgaben für die Laplacesche Gleichung zurückführen. Es sei etwa beispielsweise die Aufgabe $\Delta u = f$ in B, $u|_{\partial B} = h$ gegeben. Ist u_0 irgendeine spezielle Lösung der inhomogenen Gleichung, dann gilt für $w = u - u_0$ die Gleichung $\Delta w = 0$ mit der Randbedingung $w|_{\partial B} = u|_{\partial B} - u_0|_{\partial B} = h - u_0|_{\partial B}$, so daß damit das Problem auf die 1. Randwertaufgabe für die homogene Gleichung zurückgeführt ist. Wie ein solches u_0 zu gewinnen ist, wird in Abschnitt 5.1.1. gezeigt.

4.4.3. Harmonische Funktionen bei Kugel- und Zylinderproblemen

Die Untersuchung von Problemen für Kugel und Zylinder ist besonders wichtig, da sich oft kompliziertere Probleme – zumindest näherungsweise – darauf zurückführen lassen. Denken wir etwa z. B. an das Gravitationspotential eines Himmelskörpers, den man als Kugel auffaßt. Zum anderen wird es – wie wir sehen werden – möglich sein, für diese Probleme durch einen Produktansatz hinreichend viele harmonische Funktionen zu gewinnen, aus denen Lösungen von RWP aufgebaut werden können. Hierbei werden wir speziell auch sogenannte *Grundlösungen* erhalten, die einen potentialtheoretischen Aufbau der Theorie ermöglichen (s. Abschnitt 5.).

Beginnen wir mit *Zylinderproblemen*. In vielen Fällen wird man *Unabhängigkeit von z* voraussetzen können, so daß es sich mathematisch um ein ebenes Problem handelt. Zweckmäßigerweise führen wir dann ebene Polarkoordinaten r und φ ein mit $x = r \cos \varphi$, $y = r \sin \varphi$. Die Laplacesche Gleichung lautet dann wegen (4.78e)

$$r \frac{\partial}{\partial r} \left(r \frac{\partial u}{\partial r} \right) + \frac{\partial^2 u}{\partial \varphi^2} = 0.$$

Suchen wir speziell nur von r abhängige Lösungen $u = u(r)$, so gilt die Differentialgleichung

$$\frac{\mathrm{d}}{\mathrm{d}r} \left(r \frac{\mathrm{d}u}{\mathrm{d}r} \right) = 0.$$

Integration liefert $r \dfrac{\mathrm{d}u}{\mathrm{d}r} = C_1$, also

$$u(r) = C_1 \ln r + C_2.$$

Damit haben wir bereits einige einfache harmonische Funktionen im ebenen Falle gewonnen. Für $C_1 = -1$, $C_2 = 0$ erhalten wir die sogenannte *Grundlösung der ebenen Potentialgleichung*

$$\ln \frac{1}{r} \quad (r > 0). \tag{4.81}$$

Weitere Lösungen ergeben sich durch den Produktansatz $u(r, \varphi) = R(r)\,\Phi(\varphi)$. Einsetzen in die Laplacesche Differentialgleichung liefert

$$r^2 R''(r)\,\Phi(\varphi) + r R'(r)\,\Phi(\varphi) + R(r)\,\Phi''(\varphi) = 0,$$

woraus durch Trennung

$$\frac{r^2 R'' + r R'}{R} = - \frac{\Phi''}{\Phi} = \lambda$$

folgt. Damit ist die Laplacesche Gleichung in die beiden Differentialgleichungen

$$r^2 R'' + rR' - \lambda R = 0, \qquad \Phi'' + \lambda \Phi = 0$$

zerfallen. Wir müssen bei der Differentialgleichung für Φ noch beachten, daß Φ und die Ableitungen von Φ die Periode 2π als Funktionen des Winkels φ haben müssen. Insbesondere muß also $\Phi(0) = \Phi(2\pi)$, $\Phi'(0) = \Phi'(2\pi)$ gelten. Damit haben wir eine Eigenwertaufgabe für Φ erhalten. Ihre leicht zu findende Lösung lautet (s. Aufgabe 4.10):

Die Eigenwerte sind $\lambda_n = n^2$ ($n = 0, 1, 2, \dots$). $\lambda_0 = 0$ ist ein einfacher Eigenwert mit den Konstanten als Eigenfunktionen. $\lambda_n = n^2$ ($n = 1, 2, 3, \dots$) sind zweifache Eigenwerte mit der Basis $\cos n\varphi$, $\sin n\varphi$ von Eigenfunktionen.

Die Periodizitätsforderung ist offenbar erfüllt.

Wir lösen jetzt für diese Eigenwerte die Differentialgleichung für R. Für $\lambda = 0$ handelt es sich um die *Eulersche Differentialgleichung* (vgl. Bd. 7/1, 3.5.7.)

$$r^2 R'' + rR' = 0.$$

Mit dem Ansatz $R(r) = r^\varrho$ folgt die charakteristische Gleichung $\varrho(\varrho - 1) + \varrho = 0$ mit der Doppelwurzel $\varrho_{1,2} = 0$, so daß also 1, $\ln r$ eine Lösungsbasis bildet.

Für $\lambda = n^2$ ($n = 1, 2, 3, \dots$) erhalten wir die *Eulersche Differentialgleichung*

$$r^2 R'' + rR' - n^2 R = 0.$$

Der Ansatz $R(r) = r^\varrho$ liefert die charakteristische Gleichung $\varrho(\varrho - 1) + \varrho - n^2 = 0$ mit den Wurzeln $\varrho_{1,2} = \pm n$, so daß also r^n, r^{-n} eine Lösungsbasis bildet.

Ergebnis: *Die Funktionen* 1, $\ln r$, $r^n \cos n\varphi$, $r^n \sin n\varphi$, $r^{-n} \cos n\varphi$, $r^{-n} \sin n\varphi$ ($n = 1, 2, 3, \dots$) *und ihre Linearkombinationen (siehe Abschnitt 3.5.2.) sind Lösungen der zweidimensionalen Laplaceschen Gleichung.*

Bemerkung: In Band 9 werden wir sehen, daß im ebenen Fall leicht weitere harmonische Funktionen gefunden werden können. Es gilt nämlich: Real- und Imaginärteil *holomorpher Funktionen* sind harmonisch.

Bei Zylinderproblemen, bei denen *keine Unabhängigkeit von z* vorliegt, führt der Produktansatz in Zylinderkoordinaten auf **Zylinderfunktionen (Besselsche Funktionen** und **Neumannsche Funktionen)**. Im Beispiel 3.14 in Abschnitt 3.4.2. ist dies durchgeführt.

Wir kommen nun zu *Kugelproblemen.* Zweckmäßigerweise führen wir Kugelkoordinaten r, ϑ, φ mit $x = r \cos \varphi \sin \vartheta$, $y = r \sin \varphi \sin \vartheta$, $z = r \cos \vartheta$ ein. Die Laplacesche Gleichung lautet dann wegen (4.78c)

$$\frac{\partial}{\partial r}\left(r^2 \frac{\partial u}{\partial r}\right) + \frac{1}{\sin \vartheta} \frac{\partial}{\partial \vartheta}\left(\sin \vartheta \frac{\partial u}{\partial \vartheta}\right) + \frac{1}{\sin^2 \vartheta} \frac{\partial^2 u}{\partial \varphi^2} = 0.$$

Suchen wir speziell nur von r abhängige Lösungen $u = u(r)$, so gilt die Differentialgleichung

$$\frac{d}{dr}\left(r^2 \frac{du}{dr}\right) = 0.$$

Integration liefert $r^2 \dfrac{du}{dr} = -C_1$, also

$$u(r) = \frac{C_1}{r} + C_2.$$

Für $C_1 = 1$, $C_2 = 0$ erhalten wir die sogenannte *Grundlösung der dreidimensionalen Potentialgleichung*

$$\frac{1}{r} \quad (r > 0). \tag{4.82}$$

Weitere Lösungen ergeben sich durch den Produktansatz

$$u(r, \vartheta, \varphi) = R(r)\, Y(\vartheta, \varphi).$$

Einsetzen in die Laplacesche Gleichung liefert

$$r^2 R'' Y + 2r R' Y + R \left[\frac{1}{\sin \vartheta} \frac{\partial}{\partial \vartheta} \left(\sin \vartheta \frac{\partial Y}{\partial \vartheta} \right) + \frac{1}{\sin^2 \vartheta} \frac{\partial^2 Y}{\partial \varphi^2} \right] = 0,$$

woraus durch Trennung

$$-\frac{1}{Y} \left[\frac{1}{\sin \vartheta} \frac{\partial}{\partial \vartheta} \left(\sin \vartheta \frac{\partial Y}{\partial \vartheta} \right) + \frac{1}{\sin^2 \vartheta} \frac{\partial^2 Y}{\partial \varphi^2} \right] = \frac{1}{R} (r^2 R'' + 2r R') = \lambda$$

folgt. Damit ist die Laplacesche Gleichung in die beiden Differentialgleichungen

$$r^2 R'' + 2r R' - \lambda R = 0,$$

$$\frac{1}{\sin \vartheta} \frac{\partial}{\partial \vartheta} \left(\sin \vartheta \frac{\partial Y}{\partial \vartheta} \right) + \frac{1}{\sin^2 \vartheta} \frac{\partial^2 Y}{\partial \varphi^2} + \lambda Y = 0$$

zerfallen. Die Differentialgleichung für R ist eine *Eulersche Differentialgleichung.* Wir machen wieder den Ansatz $R(r) = r^\varrho$ und erhalten die charakteristische Gleichung $\varrho(\varrho - 1) + 2\varrho - \lambda = 0$. Aus Gründen der Überschaubarkeit – aber auch aus hier nicht genannten mathematischen Gründen – wollen wir uns auf die Fälle beschränken, bei denen der Exponent ϱ *ganzzahlig* ist. Wegen $\lambda = \varrho(\varrho + 1)$ ergeben sich dann für λ die Werte $\lambda_n = n(n + 1)$ $(n = 0, 1, 2, \ldots)$, wenn wir beachten, daß ϱ und $-(\varrho + 1)$ das gleiche λ liefern. Die Differentialgleichung für R lautet jetzt

$$r^2 R'' + 2r R' - n(n + 1)\, R = 0 \quad (n = 0, 1, 2, \ldots).$$

Ihre charakteristische Gleichung $\varrho(\varrho - 1) + 2\varrho - n(n + 1) = 0$ hat die Wurzeln $\varrho_1 = n$, $\varrho_2 = -(n + 1)$, so daß r^n, $r^{-(n+1)}$ eine Lösungsbasis ist. Die zugehörige Differentialgleichung für Y lautet

$$\frac{1}{\sin \vartheta} \frac{\partial}{\partial \vartheta} \left(\sin \vartheta \frac{\partial Y}{\partial \vartheta} \right) + \frac{1}{\sin^2 \vartheta} \frac{\partial^2 Y}{\partial \varphi^2} + n(n + 1)\, Y = 0 \quad (n = 0, 1, 2, \ldots).$$

$$\tag{4.83}$$

Ihre Lösungen $Y_n(\vartheta, \varphi)$ heißen **Kugelflächenfunktionen** n-ten Grades.

Ergebnis: *Die sogenannten* **Kugelfunktionen** $r^n Y_n(\vartheta, \varphi)$ *und* $\dfrac{1}{r^{n+1}} Y_n(\vartheta, \varphi)$
sowie ihre Linearkombinationen sind Lösungen der dreidimensionalen Laplaceschen Gleichung.

Wir wollen die Gleichung (4.83) weiter untersuchen. Dazu machen wir den Produktansatz $Y(\vartheta, \varphi) = \Theta(\vartheta)\, \Phi(\varphi)$ und erhalten

$$\frac{1}{\sin \vartheta} \Phi \frac{\mathrm{d}}{\mathrm{d}\vartheta} \left(\sin \vartheta \frac{\mathrm{d}\Theta}{\mathrm{d}\vartheta} \right) + \frac{1}{\sin^2 \vartheta} \Theta \frac{\mathrm{d}^2 \Phi}{\mathrm{d}\varphi^2} + n(n + 1)\, \Theta \Phi = 0,$$

woraus durch Trennung

$$\frac{1}{\Theta} \sin\vartheta \, \frac{\mathrm{d}}{\mathrm{d}\vartheta} \left(\sin\vartheta \, \frac{\mathrm{d}\Theta}{\mathrm{d}\vartheta} \right) + n(n+1)\sin^2\vartheta = -\frac{1}{\Phi} \frac{\mathrm{d}^2\Phi}{\mathrm{d}\varphi^2} = \lambda$$

folgt. Damit ist (4.83) in die beiden Differentialgleichungen

$$\sin\vartheta \, \frac{\mathrm{d}}{\mathrm{d}\vartheta} \left(\sin\vartheta \, \frac{\mathrm{d}\Theta}{\mathrm{d}\vartheta} \right) + (n(n+1)\sin^2\vartheta - \lambda)\,\Theta = 0$$

und

$$\frac{\mathrm{d}^2\Phi}{\mathrm{d}\varphi^2} + \lambda\Phi = 0$$

zerfallen.

Für Φ liegt unter Beachtung der Periodizität wieder die zu Beginn dieses Abschnittes auftretende Eigenwertaufgabe vor mit den Eigenfunktionen 1, $\cos m\varphi$, $\sin m\varphi$ und den Eigenwerten $\lambda_m = m^2$ $(m = 0, 1, 2, ...)$.

Betrachten wir weiter den einfachsten Fall $m = 0$, so lautet die Differentialgleichung für Θ:

$$\sin\vartheta \, \frac{\mathrm{d}}{\mathrm{d}\vartheta} \left(\sin\vartheta \, \frac{\mathrm{d}\Theta}{\mathrm{d}\vartheta} \right) + n(n+1)\sin^2\vartheta \; \Theta = 0.$$

Durch die Transformation $\xi = \cos\vartheta$ geht sie wegen $\dfrac{\mathrm{d}}{\mathrm{d}\vartheta} = -\sin\vartheta \, \dfrac{\mathrm{d}}{\mathrm{d}\xi}$ über in die Differentialgleichung

$$\frac{\mathrm{d}}{\mathrm{d}\xi} \left[(1 - \xi^2) \frac{\mathrm{d}\Theta}{\mathrm{d}\xi} \right] + n(n+1)\,\Theta = 0.$$

Das ist die uns aus Band 7/2 bekannte *Legendresche Differentialgleichung*. Die **Legendreschen Polynome** $P_n(\xi)$ sind also Lösungen dieser Differentialgleichung.

Wir haben damit als

Ergebnis: *Die Funktionen $r^n P_n(\cos\vartheta)$ und $\dfrac{1}{r^{n+1}} P_n(\cos\vartheta)$ $(n = 0, 1, 2, ...)$ sowie ihre Linearkombinationen sind Lösungen der dreidimensionalen Laplaceschen Gleichung.*

Für $m = 1, 2, 3, ...$ erhält man in analoger Weise die Differentialgleichung

$$\frac{\mathrm{d}}{\mathrm{d}\xi} \left[(1 - \xi^2) \frac{\mathrm{d}\Theta}{\mathrm{d}\xi} \right] + \left(n(n+1) - \frac{m^2}{1 - \xi^2} \right) \Theta = 0.$$

Lösungen dieser Differentialgleichung sind die sogenannten **zugeordneten Legendreschen Funktionen** $P_n{}^m(\xi)$.

Ergebnis: *Die Funktionen $r^n \cos m\varphi \, P_n{}^m(\cos\vartheta)$, $r^n \sin m\varphi \, P_n{}^m(\cos\vartheta)$, $\dfrac{1}{r^{n+1}} \cos m\varphi \, P_n{}^m(\cos\vartheta)$, $\dfrac{1}{r^{n+1}} \sin m\varphi \, P_n{}^m(\cos\vartheta)$ $(n = 0, 1, 2, ...;$ $m = 1, 2, 3, ...)$ sowie ihre Linearkombinationen sind Lösungen der dreidimensionalen Laplaceschen Gleichung.*

* *Aufgabe 4.10:* Lösen Sie für $\Phi = \Phi(\varphi)$ das Eigenwertproblem

$$\Phi'' + \lambda\Phi = 0, \quad \Phi(0) = \Phi(2\pi), \quad \Phi'(0) = \Phi'(2\pi)!$$

* *Aufgabe 4.11:* Geben Sie eine in der Kugelschale $1 < r < 2$ harmonische Funktion u an, die für $r = 1$ bzw. $r = 2$ die konstanten Werte 5 bzw. 4 annimmt.

Hinweis: Aus Symmetriegründen kann u als nur von r abhängig angenommen werden.

4.4.4. Die Randwertaufgaben für Kreis und Kugel

Die Ergebnisse des letzten Abschnittes gestatten uns, an die Lösung von RWP für Bereiche heranzugehen, welche Kugelkoordinaten, Zylinderkoordinaten oder ebenen Polarkoordinaten angepaßt sind. Die Grundidee ist dabei die, daß für die Lösung u ein Ansatz als Entwicklung mit noch unbekannten Koeffizienten nach den jeweiligen durch Separation gewonnenen harmonischen Funktionen gemacht wird. Durch entsprechende Entwicklung der vorgegebenen Randwerte werden dann die Koeffizienten bestimmt. Offenbar ist dies im Grunde nichts anderes als die Fouriersche Methode.

Gegeben sei zunächst für den *Kreis B* mit Mittelpunkt $(0, 0)$ und Radius R das *Dirichletsche Problem*

$$\Delta u = 0 \text{ im Inneren von } B, \ u|_{\partial B} = h.$$

Wir führen ebene Polarkoordinaten r, φ ein. Nach Abschnitt 4.4.3. stehen uns die harmonischen Funktionen 1, $\ln r$, $r^n \cos n\varphi$, $r^n \sin n\varphi$, $r^{-n} \cos n\varphi$, $r^{-n} \sin n\varphi$ $(n = 1, 2, 3, ...)$ zur Verfügung. Die Funktionen $\ln r$, $r^{-n} \cos n\varphi$ und $r^{-n} \sin n\varphi$ entfallen, da sie für $r = 0$ eine Singularität besitzen. Dies führt uns zu dem Ansatz

$$u(r, \varphi) = \frac{A_0}{2} + \sum_{n=1}^{\infty} r^n (A_n \cos n\varphi + B_n \sin n\varphi).$$

Der Faktor $\frac{1}{2}$ beim ersten Summanden wird aus rein formalen, sogleich ersichtlichen Gründen hinzugenommen. Betrachten wir h als Funktion von φ, so liefert die Randbedingung $u(R, \varphi) = h(\varphi)$:

$$\frac{A_0}{2} + \sum_{n=1}^{\infty} R^n (A_n \cos n\varphi + B_n \sin n\varphi) = h(\varphi).$$

Entwicklung von $h(\varphi)$ in eine Fourierreihe nach $\cos n\varphi$ und $\sin n\varphi$:

$$h(\varphi) = \frac{a_0}{2} + \sum_{n=1}^{\infty} (a_n \cos n\varphi + b_n \sin n\varphi)$$

ergibt sofort

$$A_n = \frac{a_n}{R^n} \ (n = 0, 1, 2, ...), \quad B_n = \frac{b_n}{R^n} \ (n = 1, 2, 3, ...).$$

Ergebnis: *Die Lösung des inneren Dirichletschen Problems für den Kreis lautet*

$$u(r, \varphi) = \frac{a_0}{2} + \sum_{n=1}^{\infty} \left(\frac{r}{R}\right)^n (a_n \cos n\varphi + b_n \sin n\varphi).$$

Dabei sind a_n und b_n die Fourierkoeffizienten der vorgegebenen Randwerte $h(\varphi)$:

$$a_n = \frac{1}{\pi} \int_0^{2\pi} h(\varphi) \cos n\varphi \, d\varphi \quad (n = 0, 1, 2, ...),$$

$$b_n = \frac{1}{\pi} \int_0^{2\pi} h(\varphi) \sin n\varphi \, d\varphi \quad (n = 1, 2, 3, ...).$$

An Voraussetzungen wird hierbei benötigt, daß $h(\varphi)$ in eine Fourierreihe entwickelbar ist und die entstehende Reihe für u gliedweise differenziert werden kann.

Wir können der gefundenen Lösung noch eine andere Gestalt geben. Durch Entwicklung nach Potenzen von ξ bestätigt man die Darstellung

$$\frac{1 - \xi^2}{\xi^2 - 2\xi \cos\varphi + 1} = 1 + 2 \sum_{n=1}^{\infty} \xi^n \cos n\varphi \quad \text{für} \quad 0 \leq |\xi| < 1.$$

Für $\xi = \dfrac{r}{R}$ folgt dann durch Einsetzen der Formeln für a_n und b_n mit φ' als Integrationsvariable – nach Vertauschung von Integration und Summation – die Lösung in der Form

$$u(r, \varphi) = \frac{R^2 - r^2}{2\pi} \int_0^{2\pi} \frac{h(\varphi')\,d\varphi'}{R^2 - 2Rr \cos(\varphi - \varphi') + r^2} \quad (r < R). \tag{4.84}$$

Dies ist das sogenannte **Poissonsche Integral** als Lösung des *inneren Dirichletschen Problems für den Kreis*. Man kann zeigen, daß bei dieser Lösungsdarstellung nur die Stetigkeit von h als Voraussetzung benötigt wird. Die Existenz und Unität der Lösung des inneren Dirichletschen Problems ist nicht nur für den Kreis gesichert, sondern auch unter weniger einschneidenden Voraussetzungen für beliebige beschränkte ebene oder räumliche Bereiche (siehe Abschnitt 5.2.). Das gilt auch für das äußere Problem, falls im Unendlichen Regularität gefordert wird.

Analog können wir auch das *innere Neumannsche Problem*

$$\Delta u = 0 \text{ im Inneren von } B, \quad \frac{\partial u}{\partial \mathbf{n}}\bigg|_{\partial B} = g$$

für den *Kreis B* mit Mittelpunkt $(0, 0)$ und Radius R behandeln. Die Normale $\mathbf{n}$ sei nach außen gerichtet. Der Ansatz

$$u(r, \varphi) = \frac{A_0}{2} + \sum_{n=1}^{\infty} r^n (A_n \cos n\varphi + B_n \sin n\varphi)$$

führt wegen $\dfrac{\partial u}{\partial \mathbf{n}} = \dfrac{\partial u}{\partial r}$ mit $\dfrac{\partial u}{\partial r} = \sum_{n=1}^{\infty} n r^{n-1}(A_n \cos n\varphi + B_n \sin n\varphi)$ auf die Randbedingung

$$\sum_{n=1}^{\infty} n R^{n-1}(A_n \cos n\varphi + B_n \sin n\varphi) = g(\varphi).$$

Vergleich mit der Fourierentwicklung

$$g(\varphi) = \frac{a_0}{2} + \sum_{n=1}^{\infty} (a_n \cos n\varphi + b_n \sin n\varphi)$$

zeigt, daß für $a_0 \neq 0$ sicher keine Lösung existiert.

Eine notwendige Bedingung für die Existenz einer Lösung des Neumannschen Problems ist also $a_0 = 0$, d.h. $\int_0^{2\pi} g(\varphi)\,d\varphi = 0$. Ist diese Bedingung erfüllt, so erhalten wir durch Koeffizientenvergleich

$$A_n = \frac{a_n}{n R^{n-1}}, \quad B_n = \frac{b_n}{n R^{n-1}} \quad (n = 1, 2, 3, \ldots).$$

A_0 bleibt unbestimmt, ist also beliebig wählbar. Dies war zu erwarten, da ja offenbar mit u auch jede Funktion $u + $ const Lösung des Neumannschen Problems ist. Unter den Voraussetzungen der Entwickelbarkeit von $g(\varphi)$ in eine Fourierreihe und der gliedweisen Differenzierbarkeit der für u entstehenden Reihe erhalten wir das

Ergebnis: *Falls* $\int_0^{2\pi} g(\varphi)\, d\varphi = 0$ *ist, ist das innere Neumannsche Problem für den Kreis lösbar, die Lösung lautet*

$$u(r, \varphi) = C + \sum_{n=1}^{\infty} \frac{R}{n} \left(\frac{r}{R}\right)^n (a_n \cos n\varphi + b_n \sin n\varphi).$$

Dabei sind a_n *und* b_n *die Fourierkoeffizienten der vorgegebenen Normalableitung* $g(\varphi)$:

$$a_n = \frac{1}{\pi} \int_0^{2\pi} g(\varphi) \cos n\varphi\, d\varphi, \quad b_n = \frac{1}{\pi} \int_0^{2\pi} g(\varphi) \sin n\varphi\, d\varphi \quad (n = 1, 2, 3, \ldots);$$

C ist eine beliebige Konstante.

Die Existenz und Unität (bis auf eine additive Konstante) der Lösung des inneren Neumannschen Problems ist unter der Voraussetzung, daß das Integral der Normalableitung über den Rand verschwindet, nicht nur für den Kreis gesichert, sondern auch unter wenig einschneidenden Voraussetzungen für beliebige beschränkte ebene oder räumliche Bereiche (siehe Abschnitt 5.2.). Verschwindet das Integral der Normalableitung nicht, so existiert sicher keine Lösung. Entsprechendes gilt für das äußere Neumannsche Problem, falls im Unendlichen Regularität gefordert wird, wobei allerdings beim räumlichen Fall das Verschwinden des genannten Integrals nicht vorausgesetzt werden muß.

Bei Randwertproblemen für eine *Kugel* macht man für die Lösung u einen Ansatz als Entwicklung nach Kugelfunktionen (siehe Abschnitt 4.4.3.). Ähnlich wie beim Kreis gelangt man dann für das *innere Dirichletsche Problem* schließlich zum **Poissonschen Integral**

$$u(r, \vartheta, \varphi) = \frac{(R^2 - r^2)\, R}{4\pi} \int_0^{2\pi} \int_0^{\pi} \frac{h(\vartheta', \varphi')}{(R^2 - 2Rr \cos \gamma + r^2)^{3/2}} \sin \vartheta'\, d\vartheta'\, d\varphi' \quad (r < R)$$

$$(4.85)$$

als Lösung des inneren Dirichletschen Problems für die Kugel mit Mittelpunkt $(0, 0, 0)$ und Radius R mit den stetigen Randwerten h. Dabei ist

$$\cos \gamma = \cos \vartheta' \cos \vartheta + \sin \vartheta' \sin \vartheta \cos (\varphi' - \varphi).$$

Geometrisch ist γ der Winkel zwischen dem Radiusvektor zum Punkt $(R, \vartheta', \varphi')$ und dem Radiusvektor zum Punkt (r, ϑ, φ).

Aufgabe 4.12: Lösen Sie für den Kreis mit Mittelpunkt $(0, 0)$ und Radius 2 das innere Dirichletsche *
Problem mit den Randwerten $h(\varphi) = \cos^2\varphi$!

Aufgabe 4.13: Gegeben ist eine in der Kugel K mit Mittelpunkt $(0, 0, 0)$ und Radius R gegebene harmonische Funktion u, die auf der Kugeloberfläche noch stetig ist. Stellen Sie den Wert von u im Kugelmittelpunkt durch die Werte von u auf der Kugeloberfläche dar! *

5. Einführung in die Potentialtheorie

5.1. Potentiale

5.1.1. Das Newtonsche Potential

Wir hatten in Abschnitt 4.4.3. mit

$$\frac{1}{r} = \frac{1}{\sqrt{x^2 + y^2 + z^2}} \qquad (r \neq 0) \tag{5.1}$$

eine Lösung der dreidimensionalen Laplaceschen Gleichung gefunden, die wegen ihrer außerordentlich großen Bedeutung als **Grundlösung** bezeichnet wird. Es sei bemerkt, daß der Begriff „Grundlösung" allgemein für lineare partielle Differentialgleichungen streng definiert ist. Ohne diese das Anliegen dieses Bandes überschreitende Definition anzugeben, sei gesagt, daß die Grundlösung eine Funktion ist, die außerhalb des Nullpunktes der homogenen Gleichung genügt und im Nullpunkt selbst eine Singularität besitzt, welche auf Grund ihrer Eigenart einen weitgehenden Lösungsaufbau gestattet.

Führen wir neben $\mathbf{x} = (x, y, z)$ noch einen Punkt $\mathbf{x}' = (x', y', z')$ ein, so ist nach Abschnitt 3.5.5.

$$\frac{1}{|\mathbf{x} - \mathbf{x}'|} = \frac{1}{\sqrt{(x - x')^2 + (y - y')^2 + (z - z')^2}} \qquad (\mathbf{x} \neq \mathbf{x}') \tag{5.2}$$

auch *harmonisch*. Diese Funktion heißt **Newtonscher Kern**.

Es sei nun B ein beschränkter räumlicher Bereich und ϱ eine beschränkte über B integrierbare Funktion. In leichter Verallgemeinerung der Faltungsintegrale aus Abschnitt 3.5.6. können wir dann das *Faltungsintegral*

$$U^\varrho(\mathbf{x}) = U^\varrho(x, y, z) = \iiint\limits_B \frac{\varrho(\mathbf{x}')}{|\mathbf{x} - \mathbf{x}'|} \, db' \tag{5.3}$$

betrachten. Integrationsvariable und Integrationsdifferentiale wollen wir zur Unterscheidung vom sogenannten *Aufpunkt* $\mathbf{x}$ durch gestrichene Größen kennzeichnen (Bild 5.1.). U^ϱ heißt **Newtonsches Potential von B mit der Raumdichte ϱ** (kurz: **Raumpotential**).

Ehe wir mathematische Eigenschaften des Raumpotentials untersuchen, soll seine physikalische Bedeutung dargelegt werden. Zur Vereinfachung seien Sprechweisen

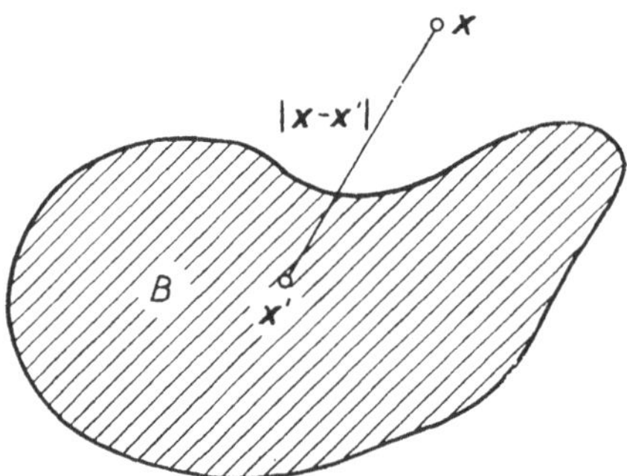

Bild 5.1

wie etwa „der Punkt $\mathbf{x}$" statt „der Punkt M mit dem zugehörigen Radiusvektor $\mathbf{x}$"
zugelassen.

Eine in $\mathbf{x}'$ gelegene Punktmasse bzw. elektrische Punktladung mit der Masse bzw.
Ladung 1 übt auf eine in $\mathbf{x}$ gelegene Punktmasse bzw. Punktladung nach dem Newtonschen Gravitationsgesetz bzw. Coulombschen Gesetz eine Kraft aus, die indirekt
proportional dem Quadrat der Entfernung ist; also gilt für diese Kraft bis auf einen
konstanten Faktor

$$\mathbf{F} = -\frac{\mathbf{x} - \mathbf{x}'}{|\mathbf{x} - \mathbf{x}'|^3} \quad (\mathbf{x} \neq \mathbf{x}'). \tag{5.4}$$

Betrachtet man $\mathbf{x}'$ als fest und $\mathbf{x}$ als variabel, so stellt das Vektorfeld (5.4) das durch
die in $\mathbf{x}'$ gelegene Masse bzw. Ladung erzeugte *Gravitationsfeld* bzw. *elektrische Feld*
dar. Man kann sofort nachrechnen, daß $\mathbf{F}$ wirbelfrei ist. Folglich existiert ein *Poten-
tial* u von $\mathbf{F}$ mit $\mathbf{F} = \operatorname{grad} u$. Eine leichte Rechnung zeigt, daß $\mathbf{F}$ gerade den Newtonschen Kern als Potential besitzt:

$$\operatorname{grad} \frac{1}{|\mathbf{x} - \mathbf{x}'|} = -\frac{\mathbf{x} - \mathbf{x}'}{|\mathbf{x} - \mathbf{x}'|^3}. \tag{5.5}$$

Für eine durch eine Dichte ϱ gegebene Massen- bzw. Ladungsverteilung ergibt
sich dann durch Überlagerung der zu den in $\mathrm{d}b'$ gelegenen Massen bzw. Ladungen
$\varrho(\mathbf{x}')\,\mathrm{d}b'$ gehörenden Potentialen $\varrho(\mathbf{x}')\,\mathrm{d}b/|\mathbf{x} - \mathbf{x}'|$ gerade das Raumpotential (5.3).
Wir sehen also, das Newtonsche Raumpotential (5.3) ist bis auf einen konstanten
Faktor gerade das *Gravitationspotential* bzw. *elektrostatische Potential* einer räumlichen Massen- bzw. Ladungsverteilung mit der Dichte ϱ.

Nun zurück zur mathematischen Untersuchung des Raumpotentials. Liegt $\mathbf{x}$ im
Äußeren von B, so ist der Integrand in (5.3) bezüglich $\mathbf{x}'$ offenbar beschränkt und
integrierbar, da ϱ integrierbar vorausgesetzt wurde. Also existiert dort das Raumpotential. Darüber hinaus ist es dort sogar *harmonisch*, wie aus Abschnitt 3.5.6.
folgt, was sich auch direkt durch die hier erlaubte Vertauschung von Integration
und Differentiation wegen der Harmonizität des Newtonschen Kerns bestätigen
läßt. Die Untersuchung des Potentials im Inneren und auf dem Rand von B ist erheb-
lich schwieriger. Wir teilen deshalb ohne Beweis die wichtigsten Ergebnisse im folgenden Satz mit.

Satz 5.1: *ϱ sei auf dem beschränkten räumlichen Bereich B beschränkt und integrier-* S.5.1
bar. Dann existiert das Raumpotential

$$U^\varrho(\mathbf{x}) = \iiint\limits_B \frac{\varrho(\mathbf{x}')}{|\mathbf{x} - \mathbf{x}'|}\,\mathrm{d}b'$$

*im ganzen Raum und ist überall stetig. Ferner existieren auch überall die 1. partiellen
Ableitungen von U^ϱ, wobei die Differentiation unter dem Integralzeichen vorgenommen
werden kann, und sind stetig. Im Äußeren von B ist U^ϱ beliebig oft differenzierbar und
sogar harmonisch. Wird zusätzlich vorausgesetzt, daß ϱ im Inneren von B beschränkte
erste Ableitungen besitzt, so existieren dort auch die zweiten Ableitungen von U^ϱ, und
es gilt die Poissonsche Gleichung*

$$\Delta U^\varrho = -4\pi\varrho \tag{5.6}$$

im Inneren von B.

7*

Wegen (5.6) finden wir eine spezielle Lösung u_0 der inhomogenen Potentialgleichung $\Delta u = f$ im räumlichen Fall in $u_0 = U^\varrho$ mit $\varrho = -\dfrac{1}{4\pi} f$ und können damit RWP für die inhomogene Gleichung zurückführen auf RWP für die homogene Gleichung (siehe Schluß von Abschnitt 4.4.2.). Die Durchführung der Integration bei der Berechnung von U^ϱ kann jedoch erhebliche technische Schwierigkeiten bereiten.

Beispiel 5.1: Das Newtonsche Potential U einer homogenen Vollkugel K vom Radius R.
Wählen wir den Kugelmittelpunkt im Ursprung, so gilt nach (5.3):

$$U(x, y, z) = \varrho \iiint\limits_{K} \frac{db'}{|\mathbf{x} - \mathbf{x}'|},$$

da die Dichte ϱ nach Voraussetzung konstant ist. Aus Symmetriegründen hängt U nur vom Abstand zum Nullpunkt ab. Es genügt also, $U(0, 0, z)$ $(z \geq 0)$ zu berechnen. Die Integration wird zweckmäßigerweise in Kugelkoordinaten durchgeführt. Dann gilt wegen $|\mathbf{x} - \mathbf{x}'|^2 = x'^2 + y'^2 + z'^2 + z^2 - 2zz' = r'^2 - 2zr' \cos \vartheta' + z^2$:

$$U(0, 0, z) = \varrho \int\limits_0^R \int\limits_0^\pi \int\limits_0^{2\pi} \frac{r'^2 \sin \vartheta'}{\sqrt{r'^2 - 2zr' \cos \vartheta' + z^2}} \, d\varphi' \, d\vartheta' \, dr'$$

$$= 2\pi\varrho \int\limits_0^R \int\limits_0^\pi \frac{r'^2 \sin \vartheta'}{\sqrt{r'^2 - 2zr' \cos \vartheta' + z^2}} \, d\vartheta' \, dr'$$

$$= 2\pi\varrho \int\limits_0^R \int\limits_{-1}^1 \frac{r'^2}{\sqrt{r'^2 - 2zr' \xi + z^2}} \, d\xi \, dr' \qquad (*)$$

mit der Substitution $\xi = \cos \vartheta'$. Die Integration nach ξ ist nicht schwierig. Wir erhalten für $z > 0$

$$I := \int\limits_{-1}^1 \frac{r'^2 \, d\xi}{\sqrt{r'^2 - 2zr' \xi + z^2}} = -\frac{r'}{z} \left[\sqrt{r'^2 - 2zr' \xi + z^2} \right]_{\xi = -1}^1$$

$$= \frac{r'}{z} (|r' + z| - |r' - z|).$$

Zur Auflösung der Beträge werden wir eine Fallunterscheidung vornehmen.

Fall a): $z \geq R$. Dann gilt $|r' + z| - |r' - z| = 2r'$, folglich ist

$$I = \frac{2r'^2}{z} \quad \text{und} \quad U(0, 0, z) = 2\pi\varrho \int\limits_0^R \frac{2r'^2}{z} \, dr' = \frac{4\pi R^3 \varrho}{3} \frac{1}{z}$$

Fall b): $0 < z < R$. Dann gilt

$$|r' + z| - |r' - z| = \begin{cases} 2r' & \text{für} \quad r' < z, \\ 2z & \text{für} \quad r' \geq z. \end{cases}$$

Folglich ist

$$I = \begin{cases} \dfrac{2r'^2}{z} & \text{für} \quad r' < z, \\ 2r' & \text{für} \quad r' \geq z. \end{cases}$$

Damit erhalten wir

$$U(0, 0, z) = 2\pi\varrho \int\limits_0^z \frac{2r'^2}{z}\, \mathrm{d}r' + 2\pi\varrho \int\limits_z^R 2r'\, \mathrm{d}r'$$

$$= \frac{4}{3}\,\pi\varrho z^2 + 2\pi\varrho\, R^2 - 2\pi\varrho z^2 = 2\pi\varrho \left(R^2 - \frac{1}{3}\, z^2 \right)$$

Der zunächst ausgeschlossene Fall $z = 0$ ergibt nach (*):

$$U(0, 0, 0) = 2\pi\varrho \int\limits_0^R \int\limits_{-1}^1 r'\, \mathrm{d}\xi\, \mathrm{d}r' = 2\pi\varrho R^2,$$

stimmt also mit der Lösung von b) für $z = 0$ überein.

Ergebnis: Die homogene Vollkugel mit dem Radius R besitzt das Newtonsche Potential

$$U(r) = \begin{cases} \dfrac{4\pi R^3 \varrho}{3}\, \dfrac{1}{r} & \text{für} \quad r \geqq R, \\[2ex] 2\pi\varrho \left(R^2 - \dfrac{1}{3}\, r^2 \right) & \text{für} \quad 0 \leqq r < R, \end{cases} \tag{5.7}$$

dabei sind ϱ die konstante Dichte und r der Abstand vom Kugelmittelpunkt (Bild 5.2). Insbesondere verläuft das Potential außerhalb der Vollkugel so, als wäre die Gesamtmasse $4\pi R^3\varrho/3$ im Kugelmittelpunkt vereinigt.

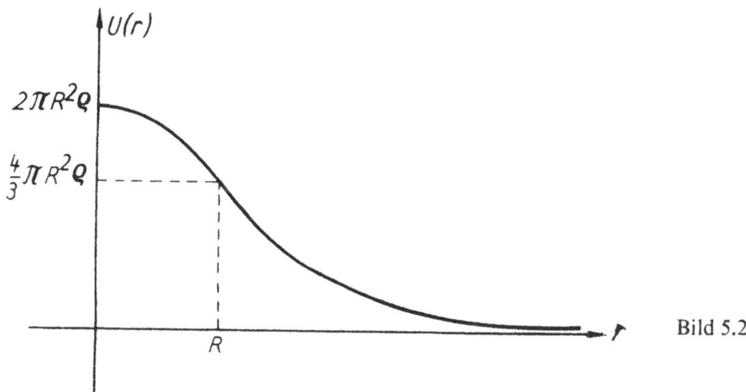

Bild 5.2

Wir betrachten nun das Potential einer flächenhaften Belegung. Es sei F eine beschränkte Fläche im Raum und σ eine beschränkte über F integrierbare Funktion. In Analogie zum Raumpotential (5.3) bilden wir das Faltungsintegral

$$V^\sigma(\mathbf{x}) = V^\sigma(x, y, z) = \iint\limits_F \frac{\sigma(\mathbf{x}')}{|\mathbf{x} - \mathbf{x}'|}\, \mathrm{d}f'. \tag{5.8}$$

V^σ heißt **Newtonsches Potential von F mit der Flächendichte** σ (kurz: **Flächenpotential**), auch *Newtonsches Potential* der *einfachen Schicht* genannt. Die physikalische Bedeutung ist klar. Das Newtonsche Flächenpotential ist bis auf einen konstanten Faktor gerade das Gravitationspotential bzw. elektrostatische Potential einer flächenhaften Massen- bzw. Ladungsverteilung. Analog zum Raumpotential ist sofort zu sehen, daß das Flächenpotential außerhalb der Verteilung harmonisch ist. Die Untersuchung auf der Fläche selbst ist komplizierter. Die wichtigsten Ergebnisse seien ohne Beweis in den beiden folgenden Sätzen mitgeteilt.

S.5.2 Satz 5.2: *σ sei auf der beschränkten Fläche F beschränkt und integrierbar. Ferner sei F stückweise glatt (das soll hier heißen: für eine Parameterdarstellung $\mathbf{x} = \mathbf{x}(u, v)$ von F sei $\mathbf{x}(u, v)$ stetig und besitze stückweise stetige beschränkte Ableitungen erster Ordnung). Dann gilt: Das Flächenpotential*

$$V^\sigma(\mathbf{x}) = \iint\limits_F \frac{\sigma(\mathbf{x}')}{|\mathbf{x} - \mathbf{x}'|}\, df'$$

existiert im ganzen Raum und ist überall stetig. Außerhalb von F ist V^σ beliebig oft differenzierbar, wobei die Differentiation unter dem Integralzeichen vorgenommen werden kann, und ist dort sogar harmonisch.

Wir betrachten einen Flächenpunkt $\mathbf{x}_0$ von F, in dem die Normale $\mathbf{n}_0$ existiert. In den Punkten $\mathbf{x}_0 + t\mathbf{n}_0$ (t Parameter) der Geraden durch $\mathbf{x}_0$ in Richtung $\mathbf{n}_0$ existiert dann unter den Voraussetzungen von Satz 5.2 die Richtungsableitung $\dfrac{\partial V^\sigma}{\partial \mathbf{n}_0}$ für $t \neq 0$. Wir setzen zur Abkürzung

$$\lim_{t \to -0} \frac{\partial V^\sigma}{\partial \mathbf{n}_0}\bigg|_{\mathbf{x}_0 + t\mathbf{n}_0} =: \left(\frac{\partial V^\sigma}{\partial \mathbf{n}_0}\right)_i \quad \text{und} \quad \lim_{t \to +0} \frac{\partial V^\sigma}{\partial \mathbf{n}_0}\bigg|_{\mathbf{x}_0 + t\mathbf{n}_0} =: \left(\frac{\partial V^\sigma}{\partial \mathbf{n}_0}\right)_a .$$

Wir machen noch einige weitere Voraussetzungen. σ sei in $\mathbf{x}_0$ sogar stetig. Ferner soll F in einer Umgebung von $\mathbf{x}_0$ eine Parameterdarstellung $\mathbf{x} = (u, v)$ besitzen, für die $\mathbf{x}(u, v)$ nebst ersten und zweiten Ableitungen stetig ist. Man kann dann beweisen:

S.5.3 Satz 5.3: *Unter den obigen Voraussetzungen gilt*

$$\left(\frac{\partial V^\sigma}{\partial \mathbf{n}_0}\right)_i = \iint\limits_F \sigma(\mathbf{x}')\, \frac{\mathbf{n}_0 \cdot (\mathbf{x}' - \mathbf{x}_0)}{|\mathbf{x}' - \mathbf{x}_0|^3}\, df' + 2\pi\sigma(\mathbf{x}_0),$$

$$\left(\frac{\partial V^\sigma}{\partial \mathbf{n}_0}\right)_a = \iint\limits_F \sigma(\mathbf{x}')\, \frac{\mathbf{n}_0 \cdot (\mathbf{x}' - \mathbf{x}_0)}{|\mathbf{x}' - \mathbf{x}_0|^3}\, df' - 2\pi\sigma(\mathbf{x}_0) \tag{5.9}$$

und folglich

$$\left(\frac{\partial V^\sigma}{\partial \mathbf{n}_0}\right)_a - \left(\frac{\partial V^\sigma}{\partial \mathbf{n}_0}\right)_i = -4\pi\sigma(\mathbf{x}_0). \tag{5.10}$$

Die Normalableitung des Flächenpotentials erleidet also beim Durchgang durch die Fläche einen Sprung. Man nennt deshalb (5.9) und (5.10) auch Sprungrelationen der Normalableitung des Flächenpotentials. (5.10) kann benutzt werden, um bei Kenntnis von V^σ die Dichte σ zu berechnen, und stellt damit ein Analogon zu (5.6) dar. Die Sprungrelationen spielen eine außerordentlich große Rolle bei der Rückführung von RWP auf Integralgleichungen (siehe Ende dieses Abschnittes). Ergänzend sei bemerkt, daß sich das in Satz 5.3 auftretende Integral ergibt, wenn man formal $\left(\dfrac{\partial V^\sigma}{\partial \mathbf{n}_0}\right)_{\mathbf{x}_0}$ durch hier nicht erlaubte Vertauschung von Differentiation und Integration bildet:

$$\iint\limits_F \sigma(\mathbf{x}') \left(\frac{\partial}{\partial \mathbf{n}_0}\, \frac{1}{|\mathbf{x} - \mathbf{x}'|}\right)_{\mathbf{x}_0} df' = \iint\limits_F \sigma(\mathbf{x}')\, \frac{\mathbf{n}_0 \cdot (\mathbf{x}' - \mathbf{x}_0)}{|\mathbf{x}' - \mathbf{x}_0|^3}\, df' .$$

Die Normalableitung im Punkt $\mathbf{x}_0$ selbst existiert jedoch für $\sigma(\mathbf{x}_0) \neq 0$ sicher nicht. Ein weiterer wichtiger Typ Newtonscher Potentiale ist das Potential der Doppel-

schicht. Seine Definition werde zunächst durch eine physikalische Deutung motiviert.
Auf einer Geraden g sollen sich in den Punkten $\mathbf{x}'$ bzw. $\mathbf{x}''$ die Ladungen $\dfrac{q}{|\mathbf{x}' - \mathbf{x}''|}$
bzw. $-\dfrac{q}{|\mathbf{x}' - \mathbf{x}''|}$ befinden. $\mathbf{n}'$ sei der Einheitsvektor von $\mathbf{x}'' - \mathbf{x}'$ (Bild 5.3). Durch
den Grenzübergang $\mathbf{x}'' \to \mathbf{x}'$ längs g, bei dem das Produkt aus Ladung und Abstand
konstant gleich q bleibt, entsteht daraus in $\mathbf{x}'$ ein sogenannter Dipol mit der Dipolachse $\mathbf{n}'$ und dem Dipolmoment q.

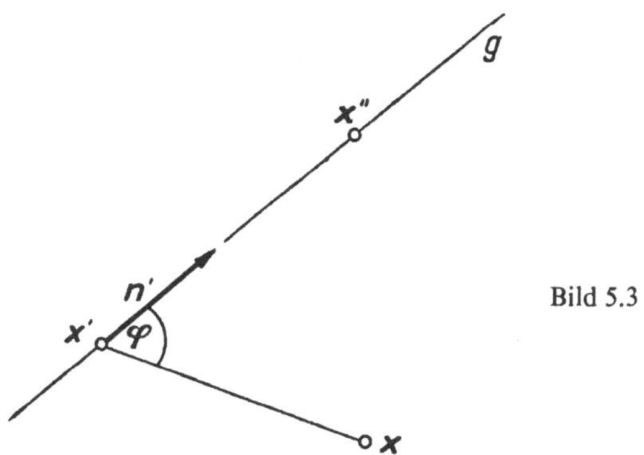

Bild 5.3

Das Potential im Punkt $\mathbf{x}$ vor dem Grenzübergang ist

$$\frac{-q}{|\mathbf{x}' - \mathbf{x}''|}\left(\frac{1}{|\mathbf{x} - \mathbf{x}''|} - \frac{1}{|\mathbf{x} - \mathbf{x}'|}\right).$$

Wir führen nun den Grenzübergang durch und erhalten nach Definition der Richtungsableitung

$$\lim_{\mathbf{x}'' \to \mathbf{x}'} \frac{-q}{|\mathbf{x}' - \mathbf{x}''|}\left(\frac{1}{|\mathbf{x} - \mathbf{x}''|} - \frac{1}{|\mathbf{x} - \mathbf{x}'|}\right) = -q\,\frac{\partial}{\partial \mathbf{n}'}\,\frac{1}{|\mathbf{x} - \mathbf{x}'|}$$

$$= -q\,\frac{\mathbf{n}' \cdot (\mathbf{x} - \mathbf{x}')}{|\mathbf{x} - \mathbf{x}'|^3} = -q\,\frac{\cos(\mathbf{n}', \mathbf{x} - \mathbf{x}')}{|\mathbf{x} - \mathbf{x}'|^2} = -q\,\frac{\cos \varphi}{|\mathbf{x} - \mathbf{x}'|^2}.$$

Das Potential eines in $\mathbf{x}'$ gelegenen Dipols mit der Dipolachse $\mathbf{n}'$ und dem Dipolmoment q ist also im Punkt $\mathbf{x}$ gleich

$$-q\,\frac{\partial}{\partial \mathbf{n}'}\,\frac{1}{|\mathbf{x} - \mathbf{x}'|} = -q\,\frac{\cos(\mathbf{n}', \mathbf{x} - \mathbf{x}')}{|\mathbf{x} - \mathbf{x}'|^2} \tag{5.11}$$

Gehen wir nun von einem solchen punktförmigen Dipol über zu einer flächenhaften
Verteilung von Dipolen mit den Achsen in Normalenrichtung einer beschränkten
stückweise glatten Fläche F, wobei die Dipoldichte ν auf F beschränkt und integrierbar sei, so erhalten wir als zugehöriges Potential

$$W^{\nu}(\mathbf{x}) = W^{\nu}(x, y, z) = -\iint_{F} \nu(\mathbf{x}')\,\frac{\partial}{\partial \mathbf{n}'}\,\frac{1}{|\mathbf{x} - \mathbf{x}'|}\,\mathrm{d}f'$$

$$= -\iint_{F} \nu(\mathbf{x}')\,\frac{\cos(\mathbf{n}', \mathbf{x} - \mathbf{x}')}{|\mathbf{x} - \mathbf{x}'|^2}\,\mathrm{d}f'. \tag{5.12}$$

$W^\nu(\mathbf{x})$ heißt **Newtonsches Potential der Dipoldichte** ν **von** F (kurz: **Potential der Doppelschicht**).

Analog zum Raumpotential und zum Potential der einfachen Schicht ist auch beim Potential der Doppelschicht leicht zu sehen, daß es außerhalb der Dipolbelegung harmonisch ist. Wesentlich schwieriger wird die Untersuchung innerhalb der Belegung selbst. Die wichtigsten Ergebnisse werden ohne Beweis im folgenden Satz angegeben. Für einen Punkt $\mathbf{x}_0$ von F mit der Normalen $\mathbf{n}_0$ sei zur Abkürzung

$$W_i^\nu(\mathbf{x}_0) := \lim_{t \to -0} W^\nu(\mathbf{x}_0 + t\mathbf{n}_0) \quad \text{und} \quad W_a^\nu(\mathbf{x}_0) := \lim_{t \to +0} W^\nu(\mathbf{x}_0 + t\mathbf{n}_0)$$

gesetzt $\left(\text{vergleiche die analoge Symbolik bei } \dfrac{\partial V^\sigma}{\partial \mathbf{n}_0}\right)$.

S.5.4 Satz 5.4: *Unter den Voraussetzungen von Satz 5.3 (mit ν statt σ) existiert W^ν im Punkt $\mathbf{x}_0$ von F, und es gilt*

$$W_i^\nu(\mathbf{x}_0) = W^\nu(\mathbf{x}_0) + 2\pi\nu(\mathbf{x}_0),$$

$$W_a^\nu(\mathbf{x}_0) = W^\nu(\mathbf{x}_0) - 2\pi\nu(\mathbf{x}_0) \tag{5.13}$$

und folglich

$$W_a^\nu(\mathbf{x}_0) - W_i^\nu(\mathbf{x}_0) = -4\pi\nu(\mathbf{x}_0). \tag{5.14}$$

Das Doppelschichtpotential erleidet also beim Durchgang durch die Fläche einen Sprung. Man nennt deshalb auch (5.13) und (5.14) Sprungrelationen des Potentials der Doppelschicht. Die Ähnlichkeit in der Struktur mit Satz 5.3 ist kein Zufall, da der Integrand von W^ν durch Differentiation in Normalrichtung aus dem Newtonschen Kern gewonnen wurde. Bei Kenntnis von W^ν gestattet (5.14) die Berechnung der Dipoldichte ν und stellt damit ein Analogon zu (5.6) und (5.10) dar.

Die Sprungrelationen spielen eine außerordentlich große Rolle bei der Rückführung von RWP auf Integralgleichungen. Diese Methode sei am Beispiel des *inneren Dirichletschen Problems*

$$\Delta u = 0 \text{ im Inneren von } B,$$

$$u\big|_{\partial B} = h$$

für den beschränkten räumlichen Bereich B erläutert. Da die Potentiale außerhalb der Belegung harmonisch sind, wird für die Lösung u ein Ansatz als Potential mit einer Belegung auf ∂B versucht. Man kann zeigen, daß im Falle des inneren Dirichletschen Problems dafür ein Doppelschichtpotential geeignet ist, falls der Rand ∂B aus nur einer geschlossenen Fläche besteht. Für $\mathbf{x}$ aus dem Inneren von B machen wir also den Ansatz

$$u(\mathbf{x}) = W^\nu(\mathbf{x}) = -\iint_{\partial B} \nu(\mathbf{x}') \frac{\cos(\mathbf{n}', \mathbf{x} - \mathbf{x}')}{|\mathbf{x} - \mathbf{x}'|^2} \, df'$$

mit der noch unbekannten Dipoldichte ν. $u(\mathbf{x})$ ist dann im Inneren von B harmonisch. Auf dem Rand ∂B gilt jedoch diese Darstellung von u als Potential der Doppelschicht nicht mehr, da dieses beim Durchgang durch ∂B einen Sprung erleidet. Vielmehr müssen wir, um die Stetigkeit von u auch noch auf dem Rand zu erhalten, mit den Grenzwerten arbeiten, die sich für u bei Annäherung an den Rand von innen her ergeben. Bei nach außen orientierter Normale setzen wir daher für die Punkte $\mathbf{x}$ auf dem Rand

$$u(\mathbf{x}) = W_i^{\nu}(\mathbf{x})$$

an. Damit ist dann u im Inneren von B harmonisch und auf dem Rand noch stetig. Die Randbedingung $u|_{\partial B} = h$ ist dann für

$$W_i^{\nu}(\mathbf{x}) = h(\mathbf{x})$$

erfüllt. Die erste Sprungrelation aus Satz 5.4 liefert

$$h(\mathbf{x}) = W^{\nu}(\mathbf{x}) + 2\pi\nu(\mathbf{x}).$$

Für die Dichte ν haben wir folglich die Integralgleichung

$$\nu(\mathbf{x}) - \iint\limits_{\partial B} \nu(\mathbf{x}') \, K(\mathbf{x}, \mathbf{x}') \, df' = \frac{1}{2\pi} h(\mathbf{x})$$

mit

$$K(\mathbf{x}, \mathbf{x}') = \frac{1}{2\pi} \frac{\cos(\mathbf{n}', \mathbf{x} - \mathbf{x}')}{|\mathbf{x} - \mathbf{x}'|^2}$$

gewonnen. Integralgleichungen solchen Typs heißen Fredholmsche Integralgleichungen. Diese sind weiteren Untersuchungen besonders zugänglich. Zum Beispiel besitzen sie durch das Auftreten der gesuchten Funktion auch außerhalb des Integrals eine für Iterationsverfahren geeignete Form. Man kann nun zeigen, daß unter gewissen (in der Praxis meist erfüllten) Glattheitsvoraussetzungen die hier ohne Beachtung der Voraussetzungen durchgeführte Herleitung exakt ist und die Integralgleichung eine Lösung ν besitzt. $u = W^{\nu}$ ist dann die gesuchte Lösung des Dirichletschen Problems im Inneren von B.

Beim äußeren Dirichletschen Problem führt in ähnlicher Weise ein Lösungsansatz als Summe eines Potentials der einfachen Schicht und eines Potentials der Doppelschicht zum Ziel.

Im Falle des inneren oder äußeren Neumannschen Problems liefert ein Ansatz als Potential der einfachen Schicht eine Lösung, wobei jedoch beim inneren Problem noch eine gewisse notwendige Lösbarkeitsbedingung erfüllt sein muß (siehe Abschnitt 5.2., Satz 5.9). Für Bereiche, deren Rand aus mehreren geschlossenen Flächen besteht, müssen die genannten Ansätze noch modifiziert werden.

Aufgabe 5.1: Ein Massenpunkt befindet sich im Hohlraum $0 \leq r < R_1$ der homogenen Kugelschale $R_1 \leq r \leq R_2$. Welche Bewegungen kann der Massenpunkt ausführen, wenn er unter dem alleinigen Einfluß des Gravitationsfeldes der Kugelschale steht? *

Hinweis: Das Potential läßt sich ohne Integration leicht aus dem Ergebnis von Beispiel 5.1 herleiten.

Aufgabe 5.2: Berechnen Sie das Newtonsche Flächenpotential einer homogenen Kugeloberfläche *
und diskutieren Sie das Ergebnis!

5.1.2. Das Logarithmische Potential

Im ebenen Fall haben wir statt $\dfrac{1}{r}$ die Grundlösung (4.81)

$$\ln \frac{1}{r} = \ln \frac{1}{\sqrt{x^2 + y^2}} \quad (r \neq 0) \tag{5.15}$$

der Potentialgleichung. Sie ist also außerhalb des Nullpunktes harmonisch und besitzt im Nullpunkt selbst eine Singularität. Man kann $\ln\dfrac{1}{r}$, wie wir hier nicht beweisen wollen, als Gravitationspotential bzw. elektrostatisches Potential einer homogenen Massen- bzw. Ladungsverteilung auf der z-Achse auffassen. Die weiter unten definierten Potentiale sind damit Potentiale von Zylindern senkrecht zur x,y-Ebene, deren Belegungen von z unabhängig sind. Das weitere Vorgehen verläuft analog zum räumlichen Fall 5.1.1. Wir wollen uns deshalb kurz fassen und nur die wichtigsten Formeln und Sätze zusammenstellen. Die in 5.1.1. darüber hinaus gemachten ergänzenden Darlegungen kann der Leser selbst leicht sinngemäß auf den ebenen Fall übertragen.

Führen wir neben $\mathbf{x} = (x, y)$ noch $\mathbf{x}' = (x', y')$ ein, so ist

$$\ln\frac{1}{|\mathbf{x} - \mathbf{x}'|} = \ln\frac{1}{\sqrt{(x - x')^2 + (y - y')^2}} \qquad (\mathbf{x} \neq \mathbf{x}') \tag{5.16}$$

auch *harmonisch*. Diese Funktion heißt **logarithmischer Kern**. Mit diesem Kern bilden wir nun Potentiale analog 5.1.1.

Es sei B ein beschränkter ebener Bereich und ϱ eine beschränkte über B integrierbare Funktion. Dann heißt

$$U_L^\varrho(\mathbf{x}) = U_L^\varrho(x, y) = \iint\limits_B \varrho(\mathbf{x}') \ln\frac{1}{|\mathbf{x} - \mathbf{x}'|}\, db' \tag{5.17}$$

logarithmisches Potential von B mit der ebenen Dichte ϱ. Wir können U_L^ϱ als das Analogon von U^ϱ für den ebenen Fall auffassen. Für U_L^ϱ gilt der dem Satz 5.1. entsprechende

S.5.5 **Satz 5.5:** *ϱ sei auf dem beschränkten ebenen Bereich beschränkt und integrierbar. Dann existiert das logarithmische Potential*

$$U_L^\varrho(\mathbf{x}) = \iint\limits_B \varrho(\mathbf{x}') \ln\frac{1}{|\mathbf{x} - \mathbf{x}'|}\, db'$$

in der ganzen Ebene und ist überall stetig. Ferner existieren auch überall die 1. partiellen Ableitungen von U_L^ϱ, wobei die Differentiation unter dem Integralzeichen vorgenommen werden kann, und sind stetig. Im Äußeren von B ist U_L^ϱ beliebig oft differenzierbar und sogar harmonisch. Wird zusätzlich vorausgesetzt, daß ϱ im Inneren von B beschränkte erste Ableitungen besitzt, so existieren dort auch die zweiten Ableitungen von U_L^ϱ, und es gilt die Poissonsche Gleichung

$$\Delta U_L^\varrho = -2\pi\varrho$$

im Inneren von B.

Es sei C eine beschränkte ebene Kurve und σ eine beschränkte über C integrierbare Funktion. Dann heißt

$$V_L^\sigma(\mathbf{x}) = V_L^\sigma(x, y) = \int\limits_C \sigma(\mathbf{x}') \ln\frac{1}{|\mathbf{x} - \mathbf{x}'|}\, ds' \tag{5.18}$$

logarithmisches Potential von C mit der Liniendichte σ (auch: *logarithmisches Potential der einfachen Schicht*).

Wir können V_L^σ als das Analogon von V^σ für den ebenen Fall auffassen. Für V_L^σ gelten die beiden folgenden, den Sätzen 5.2 und 5.3 entsprechenden Sätze.

Satz 5.6: *σ sei auf der beschränkten ebenen Kurve C beschränkt und integrierbar. Ferner* S.5.6
sei C stückweise glatt (das soll hier heißen: für eine Parameterdarstellung $\mathbf{x} = \mathbf{x}(t)$
von C sei $\mathbf{x}(t)$ stetig und besitze eine stückweise stetige beschränkte Ableitung). Dann
gilt: Das logarithmische Potential der einfachen Schicht

$$
V_L^\sigma(\mathbf{x}) = \int_C \sigma(\mathbf{x}') \ln \frac{1}{|\mathbf{x} - \mathbf{x}'|} \, ds'
$$

existiert in der ganzen Ebene und ist überall stetig. Außerhalb von C ist V_L^σ beliebig oft
differenzierbar, wobei die Differentiation unter dem Integralzeichen vorgenommen wer-
den kann, und ist dort sogar harmonisch.

Satz 5.7: *Mit den zu Satz 5.3 analogen Bezeichnungen und Voraussetzungen gelten die* S.5.7
Sprungrelationen

$$
\left(\frac{\partial V_L^\sigma}{\partial \mathbf{n}_0} \right)_i = \int_C \sigma(\mathbf{x}') \frac{\mathbf{n}_0 \cdot (\mathbf{x}' - \mathbf{x}_0)}{|\mathbf{x}' - \mathbf{x}_0|^2} \, ds' + \pi \sigma(\mathbf{x}_0),
$$

$$
\left(\frac{\partial V_L^\sigma}{\partial \mathbf{n}_0} \right)_a = \int_C \sigma(\mathbf{x}') \frac{\mathbf{n}_0 \cdot (\mathbf{x}' - \mathbf{x}_0)}{|\mathbf{x}' - \mathbf{x}_0|^2} \, ds' - \pi \sigma(\mathbf{x}_0) \tag{5.19}
$$

und folglich

$$
\left(\frac{\partial V_L^\sigma}{\partial \mathbf{n}_0} \right)_a - \left(\frac{\partial V_L^\sigma}{\partial \mathbf{n}_0} \right)_i = -2\pi \sigma(\mathbf{x}_0). \tag{5.20}
$$

Schließlich können wir noch als Analogon zu W^ν eine Dipolbelegung betrachten.
ν sei eine auf der beschränkten ebenen Kurve C beschränkte und integrierbare Funktion. Dann heißt

$$
W_L^\nu(\mathbf{x}) = W_L^\nu(x, y) = -\int_C \nu(\mathbf{x}') \frac{\partial}{\partial \mathbf{n}'} \ln \frac{1}{|\mathbf{x} - \mathbf{x}'|} \, ds'
$$

$$
= -\int_C \nu(\mathbf{x}') \frac{\cos(\mathbf{n}', \mathbf{x} - \mathbf{x}')}{|\mathbf{x} - \mathbf{x}'|} \, ds' \tag{5.21}
$$

logarithmisches Potential einer Doppelschicht von C **mit der Dipoldichte** ν. Für W_L^ν
gilt der dem Satz 5.4 entsprechende

Satz 5.8: *Mit den zu Satz 5.4 analogen Bezeichnungen und Voraussetzungen gelten die* S.5.8
Sprungrelationen

$$
(W_L^\nu)_i(\mathbf{x}_0) = W_L^\nu(\mathbf{x}_0) + \pi\nu(\mathbf{x}_0),
$$

$$
(W_L^\nu)_a(\mathbf{x}_0) = W_L^\nu(\mathbf{x}_0) - \pi\nu(\mathbf{x}_0) \tag{5.22}
$$

und folglich

$$
(W_L^\nu)_a(\mathbf{x}_0) - (W_L^\nu)_i(\mathbf{x}_0) = -2\pi\nu(\mathbf{x}_0).
$$

Ähnlich wie im räumlichen Fall ist auch im ebenen Fall unter gewissen Glattheitsvoraussetzungen an den Rand ∂B die Rückführung der RWP auf Fredholmsche Integralgleichungen möglich und liefert damit Lösungen der RWP.

Beim inneren Dirichletschen Problem macht man einen Ansatz als Potential der Doppelschicht; ebenso beim äußeren Dirichletschen Problem, wobei allerdings noch eine geeignete additive Konstante mitgeführt werden muß.

Beim inneren oder äußeren Neumannschen Problem führt, falls eine gewisse notwendige Lösbarkeitsbedingung erfüllt ist (s. Ende von Abschnitt 5.2.), das Potential der einfachen Schicht zum Ziel. Diese Ansätze müssen noch modifiziert werden, falls der Rand nicht nur aus einer, sondern aus mehreren geschlossenen Kurven besteht.

Zum Schluß dieses Abschnittes einige Bemerkungen zur Zielstellung der Potentialtheorie. Die Aufgabe der Potentialtheorie besteht nicht nur im alleinigen Studium der Newtonschen und logarithmischen Potentiale. Vielmehr können wegen der engen Beziehungen zur Laplaceschen und Poissonschen Gleichung die Potentiale mit Erfolg zur Untersuchung der Potentialgleichung angewendet werden. In diesem Sinne bilden die Gebiete „Potentialtheorie", „Potentialgleichung", „harmonische Funktionen" eine Einheit. Die potentialtheoretischen Methoden haben sich als so weitreichend erwiesen, daß sie mit großem Nutzen auch auf andere elliptische Gleichungen und auf parabolische Gleichungen angewendet werden, wobei Faltungsintegrale einer Grundlösung mit einer Dichtefunktion die Rolle des Newtonschen bzw. logarithmischen Potentials übernehmen.

5.2.   Wichtige Eigenschaften harmonischer Funktionen

B sei ein beschränkter räumlicher Bereich, der die Anwendung des Gaußschen Integralsatzes gestattet (siehe Band 5). Das heißt also im wesentlichen, daß sich B in endlich viele Normalbereiche zerlegen läßt, wobei die die Berandung darstellenden Funktionen stetig sind und stückweise stetige partielle Ableitungen 1. Ordnung besitzen. Die hier weiter unten vorkommenden harmonischen Funktionen seien in B einschließlich des Randes ∂B nebst 1. und 2. partiellen Ableitungen stetig. Diese Voraussetzungen lassen sich noch abschwächen. Wir wollen jedoch solche diffizilen Untersuchungen hier nicht durchführen, zumal in den praktisch vorkommenden Fällen obige Voraussetzungen stets erfüllt sind.

In Band 5 wurden mit den gemachten Voraussetzungen aus dem Gaußschen Integralsatz die Greenschen Integralformeln hergeleitet:

$$\iiint_B (u\Delta v + \operatorname{grad} u \, \operatorname{grad} v)\, \mathrm{d}b = \iint_{\partial B} u\, \frac{\partial v}{\partial \mathbf{n}}\, \mathrm{d}f \tag{5.23}$$

1. Greensche Integralformel

und

$$\iiint_B (u\Delta v - v\Delta u)\, \mathrm{d}b = \iint_{\partial B} \left(u\, \frac{\partial v}{\partial \mathbf{n}} - v\, \frac{\partial u}{\partial \mathbf{n}} \right) \mathrm{d}f \tag{5.24}$$

2. Greensche Integralformel.

Dabei ist $\mathbf{n}$ der nach außen gerichtete Normaleneinheitsvektor von ∂B.

Es seien nun im folgenden u und v harmonische Funktionen. Aus (5.24) folgt dann

$$\iint_{\partial B} \left(u\, \frac{\partial v}{\partial \mathbf{n}} - v\, \frac{\partial u}{\partial \mathbf{n}} \right) \mathrm{d}f = 0. \tag{5.25}$$

Aus (5.23) ergibt sich für $v = u$:

$$\iiint_B (\operatorname{grad} u)^2 \, \mathrm{d}b = \iint_{\partial B} u \, \frac{\partial u}{\partial \mathbf{n}} \, \mathrm{d}f. \tag{5.26}$$

Das Integral $I(w) = \iiint_B (\operatorname{grad} w)^2 \, \mathrm{d}b$ besitzt Bedeutung für eine Behandlung des Dirichletschen Problems mit Hilfe des sogenannten **Dirichletschen Prinzips**. Dieses Prinzip lautet:

Unter allen (hinreichend glatten) Funktionen w, die die gleichen Randwerte $w|_{\partial B} = h$ haben, wird $I(w)$ für die Lösung u des Dirichletschen Problems mit den Randwerten h am kleinsten.

Damit ist das Dirichletsche Problem auf eine Aufgabe der Variationsrechnung zurückgeführt.

Für $v \equiv 1$ folgt aus (5.25):

$$\iint_{\partial B} \frac{\partial u}{\partial \mathbf{n}} \, \mathrm{d}f = 0. \tag{5.27}$$

Für eine harmonische Funktion verschwindet also das Integral ihrer Normalableitung über eine geschlossene Fläche. Das ist von großer Bedeutung für das Neumannsche Problem, da hierbei ja die Normalableitung $\dfrac{\partial u}{\partial \mathbf{n}} = g$ vorgegeben wird. Wir sehen sofort:

Satz 5.9: *Für das innere Neumannsche Problem im räumlichen Fall*   S.5.9

$$\Delta u = 0 \text{ im Inneren von } B,$$

$$\frac{\partial u}{\partial \mathbf{n}} = g \text{ auf } \partial B$$

ist unter den gemachten Voraussetzungen die Beziehung

$$\iint_{\partial B} g \, \mathrm{d}f = 0 \tag{5.28}$$

eine notwendige Lösungsbedingung.

Falls $\iint_{\partial B} g \, \mathrm{d}f \neq 0$ ist, existiert also sicher keine Lösung. Durch Rückführung auf Integralgleichungen (siehe Ende von Abschnitt 5.1.1.) kann man sehen, daß unter gewissen Glattheitsvoraussetzungen an ∂B die Bedingung $\iint_{\partial B} g \, \mathrm{d}f = 0$ auch hinreichend für die Existenz einer Lösung des inneren Neumannschen Problems ist.

Es ist dann noch die Frage der Unität der Lösung zu beantworten. Offenbar ist mit u_1 auch jede Funktion $u_1 + C$, wobei C eine Konstante ist, Lösung des inneren Neumannschen Problems. Wir können zeigen, daß jedoch weitere Lösungen nicht existieren. Dazu betrachten wir zwei Lösungen u_1 und u_2 und wenden auf $u = u_1 - u_2$ die Formel (5.26) an. Wegen $\partial u/\partial \mathbf{n} = \partial u_1/\partial \mathbf{n} - \partial u_2/\partial \mathbf{n} = 0$ gilt dann

$$\iiint_B (\operatorname{grad} u)^2 \, \mathrm{d}b = 0.$$

Da der Integrand $(\text{grad } u)^2$ nicht negativ ist, folgt damit wegen seiner Stetigkeit, daß er identisch verschwindet. Es gilt also $(\text{grad } u)^2 \equiv 0$ und folglich $\text{grad } u \equiv 0$. Durch Integration des Systems $u_x = 0,\ u_y = 0,\ u_z = 0$ erhalten wir $u = \text{const}$, also unterscheiden sich u_1 und u_2 nur um eine additive Konstante.

> **Ergebnis:** *Unter gewissen Glattheitsvoraussetzungen besitzt das innere Neumannsche Problem im räumlichen Fall eine Lösung u, falls die notwendige Lösbarkeitsbedingung (5.28) erfüllt ist. Außer $u + C$ (C konstant) gibt es keine weiteren Lösungen.*

Aus der 2. Greenschen Integralformel läßt sich eine weitere wichtige Beziehung herleiten, die **Greensche Darstellungsformel** für harmonische Funktionen im dreidimensionalen Fall, die wir bereits kennengelernt hatten (Formel (4.70)). Mit ihrer Hilfe läßt sich der Wert der in B harmonischen Funktion u in im Inneren von B gelegenen Punkten $\mathbf{x}_0$ durch die Werte von u und $\dfrac{\partial u}{\partial \mathbf{n}}$ auf dem Rand ∂B darstellen:

$$u(\mathbf{x}_0) = \frac{1}{4\pi} \iint\limits_{\partial B} \left(\frac{1}{|x - \mathbf{x}_0|} \frac{\partial u}{\partial \mathbf{n}} - u \frac{\partial}{\partial \mathbf{n}} \frac{1}{|\mathbf{x} - \mathbf{x}_0|} \right) df. \tag{5.29}$$

Es sei jedoch ausdrücklich vermerkt, daß die Greensche Darstellungsformel weder die Lösung des Dirichletschen Problems noch die Lösung des Neumannschen Problems unmittelbar liefert, da ja bei den RWP nicht gleichzeitig u und $\dfrac{\partial u}{\partial \mathbf{n}}$ auf ∂B vorgegeben werden. Trotzdem lassen sich aus der Greenschen Darstellungsformel wichtige Folgerungen ziehen. Vergleichen wir den Integranden in (5.29) mit der Definition des Newtonschen Potentials, so erkennen wir sofort die Gültigkeit von

S.5.10 **Satz 5.10:** *Unter den gemachten Voraussetzungen ist die im Inneren von B harmonische Funktion u dort darstellbar als Summe eines Newtonschen Potentials der einfachen Schicht und eines Newtonschen Potentials der Doppelschicht mit den Dichten* $\sigma = \dfrac{1}{4\pi} \dfrac{\partial u}{\partial \mathbf{n}}$ *und* $v = \dfrac{1}{4\pi} u$ *auf dem Rand ∂B.*

Da umgekehrt die Potentiale außerhalb der Belegung harmonische Funktionen sind, sind im Grunde harmonische Funktionen nichts anderes als Potentiale außerhalb der Belegungen, so daß unter diesem Gesichtspunkt die Theorie der harmonischen Funktionen als ein Sonderfall der Theorie der Potentiale aufgefaßt werden kann. Die Potentiale sind, wie wir wissen, außerhalb der Belegungen beliebig oft differenzierbar. Damit haben wir den ersten Teil des folgenden Satzes bewiesen.

S.5.11 **Satz 5.11:** *Harmonische Funktionen sind beliebig oft differenzierbar. Sie sind darüber hinaus sogar analytisch in dem Sinne, daß sie in Potenzreihen entwickelbar sind.*

Die Analytizität wollen wir hier nicht beweisen. Die Grundidee des Beweises ist eine Potenzreihenentwicklung des Integranden in der Greenschen Darstellungsformel mit nachfolgender gliedweiser Integration.

Bemerkung: In Satz 5.11 kann man auf die an B gestellten Voraussetzungen verzichten. Denn da die Differenzierbarkeit eine lokale Eigenschaft ist, kann man die Untersuchungen in ganz im Inneren von B gelegenen Bereichen (z.B. Kugeln), die die benötigten Voraussetzungen erfüllen, durchführen.

Wählen wir für B speziell eine Kugel K mit Mittelpunkt $\mathbf{x}_0$ und Radius R, so gilt mit $\dfrac{1}{|\mathbf{x} - \mathbf{x}_0|} = \dfrac{1}{r}$ offenbar

$$\frac{\partial}{\partial \mathbf{n}} \frac{1}{|\mathbf{x} - \mathbf{x}_0|} = \frac{\partial}{\partial r} \frac{1}{r} = -\frac{1}{r^2} = -\frac{1}{|\mathbf{x} - \mathbf{x}_0|^2}.$$

Die Greensche Darstellungsformel liefert dann

$$u(\mathbf{x}_0) = \frac{1}{4\pi} \iint_{\partial K} \left(\frac{1}{|\mathbf{x} - \mathbf{x}_0|} \frac{\partial u}{\partial \mathbf{n}} + \frac{1}{|\mathbf{x} - \mathbf{x}_0|^2} u \right) df = \frac{1}{4\pi R} \iint_{\partial K} \frac{\partial u}{\partial \mathbf{n}} df$$

$$+ \frac{1}{4\pi R^2} \iint_{\partial K} u\, df.$$

Wegen (5.27) folgt

$$u(\mathbf{x}_0) = \frac{1}{4\pi R^2} \iint_{\partial K} u\, df.$$

Also gilt

Satz 5.12 *(1. Gaußscher Mittelwertsatz): Ist u in der Kugel K mit Mittelpunkt $\mathbf{x}_0$ und* $\quad$ S.5.12
Radius R harmonisch und einschließlich des Randes ∂K nebst 1. und 2. Ableitungen
stetig, so ist der Wert von u im Mittelpunkt der Kugel gleich dem Mittelwert von u auf
der Kugeloberfläche:

$$u(\mathbf{x}_0) = \frac{1}{4\pi R^2} \iint_{\partial K} u\, df. \tag{5.30}$$

Bemerkung: Wir hatten das letzte Ergebnis bereits in Abschnitt 4.4.4. unter schwächeren Voraussetzungen aus dem Poissonschen Integral herleiten können (Aufgabe 4.13). Es sei deshalb nochmals auf die den jetzigen Abschnitt einleitenden Bemerkungen bezüglich der benötigten Voraussetzungen hingewiesen.

Formt man $\iint_{\partial K} u\, df$ mittels Kugelkoordinaten um und verwendet (5.30), so folgt leicht der

Satz 5.13 *(2. Gaußscher Mittelwertsatz): Ist u in der Kugel K mit Mittelpunkt $\mathbf{x}_0$ und* $\quad$ S.5.13
Radius R harmonisch und einschließlich des Randes ∂K nebst 1. und 2. Ableitungen stetig,
so ist der Wert von u im Kugelmittelpunkt gleich dem Mittelwert von u in der ganzen
Kugel K:

$$u(\mathbf{x}_0) = \frac{1}{\frac{4}{3}\pi R^3} \iiint_{K} u\, db. \tag{5.31}$$

Man kann zeigen, daß die Gaußschen Mittelwertsätze die harmonischen Funktionen charakterisieren. Eine in einem Bereich nebst 1. und 2. Ableitungen stetige Funktion u, die dort für jede Kugel die Gleichung (5.30) oder die Gleichung (5.31) erfüllt, ist notwendigerweise harmonisch.

Aus dem 1. Gaußschen Mittelwertsatz läßt sich ein äußerst wichtiger Sachverhalt herleiten, das sogenannte **Maximumprinzip**. B sei ein beschränkter, aber sonst völlig beliebiger Bereich. Eine Funktion, die in B einschließlich des Randes ∂B stetig ist, also eine auf der abgeschlossenen und beschränkten Menge $B \cup \partial B$ stetige Funktion, ist auf $B \cup \partial B$ beschränkt und nimmt dort ihr Supremum und ihr Infimum an, besitzt also auf $B \cup \partial B$ ein Maximum und ein Minimum (siehe Band 4, Satz 2.6). Nach dieser Vorbemerkung nun die Formulierung des Maximumprinzips.

S.5.14 Satz 5.14 *(Maximumprinzip für harmonische Funktionen): Die nichtkonstante harmonische Funktion u sei im Inneren eines beschränkten zusammenhängenden Bereiches B harmonisch und einschließlich des Randes ∂B noch stetig. Dann nimmt die Funktion u ihr Maximum und ihr Minimum nur auf dem Rand ∂B, aber nicht im Inneren von B, an.*

Beweis: Wir führen einen indirekten Beweis und nehmen dazu an, daß u in einem inneren Punkt $\mathbf{x}_0$ von B ein Maximum besitzt. Nach Wahl einer ganz im Inneren von B gelegenen Kugel K_0 mit Mittelpunkt $\mathbf{x}_0$ gilt dann $u(\mathbf{x}) \leqq u(\mathbf{x}_0)$ für alle $\mathbf{x}$ aus K_0. Es gibt dann sogar ein $\mathbf{x}_1$ aus K_0 mit $u(\mathbf{x}_1) < u(\mathbf{x}_0)$ (siehe Nachtrag zum Beweis). Für $R = |\mathbf{x}_1 - \mathbf{x}_0|$ betrachten wir die Kugel K mit Mittelpunkt $\mathbf{x}_0$ und Radius R. Da u stetig ist, gibt es auf ∂K ein Flächenstück F_1 mit dem Flächeninhalt $A > 0$ und ein gewisses $\varepsilon > 0$, so daß $u(\mathbf{x}) \leqq u(\mathbf{x}_0) - \varepsilon$ auf ganz F_1 gilt. F_2 sei der Teil von ∂K, der verbleibt, wenn F_1 herausgenommen wird. Auf ∂K wenden wir nun den 1. Gaußschen Mittelwertsatz an:

$$u(\mathbf{x}_0) = \frac{1}{4\pi R^2} \iint\limits_{\partial K} u \, \mathrm{d}f = \frac{1}{4\pi R^2} \iint\limits_{F_1} u \, \mathrm{d}f + \frac{1}{4\pi R^2} \iint\limits_{F_2} u \, \mathrm{d}f$$

$$\leqq \frac{1}{4\pi R^2} \iint\limits_{F_1} (u(\mathbf{x}_0) - \varepsilon) \, \mathrm{d}f + \frac{1}{4\pi R^2} \iint\limits_{F_2} u(\mathbf{x}_0) \, \mathrm{d}f = \frac{u(\mathbf{x}_0)}{4\pi R^2} \iint\limits_{\partial K} \mathrm{d}f$$

$$- \frac{\varepsilon}{4\pi R^2} \iint\limits_{F_1} \mathrm{d}f = u(\mathbf{x}_0) - \frac{\varepsilon A}{4\pi R^2}.$$

Wir haben somit den Widerspruch $u(\mathbf{x}_0) \leqq u(\mathbf{x}_0) - \dfrac{\varepsilon A}{4\pi R^2}$ erhalten. Folglich ist unsere Annahme falsch, also nimmt u in keinem inneren Punkt $\mathbf{x}_0$ von B sein Maximum an. Für das Minimum verläuft der Beweis völlig analog.

Nachtrag zum Beweis: Es ist noch zu zeigen, daß ein $\mathbf{x}_1$ aus K_0 existiert mit $u(\mathbf{x}_1) < u(\mathbf{x}_0)$. Angenommen, das wäre nicht der Fall. Dann gilt $u(\mathbf{x}) \geqq u(\mathbf{x}_0)$ für alle $\mathbf{x}$ aus K_0. Da aber angenommen wurde, daß u in $\mathbf{x}_0$ ein Maximum besitzt, gilt auch $u(\mathbf{x}) \leqq u(\mathbf{x}_0)$, woraus sich dann $u(\mathbf{x}) = u(\mathbf{x}_0)$ ergibt. u ist also in K_0 konstant. Der weitere Beweisgang sei nur skizziert. Da u in K_0 konstant ist, verschwinden dort auch sämtliche Ableitungen von u. Für einen Randpunkt $\mathbf{x}_2$ von K_0 verschwinden dort aus Stetigkeitsgründen sämtliche Ableitungen auch. Die Potenzreihenentwicklung (Taylorreihe!) von u mit der Entwicklungsstelle $\mathbf{x}_2$ in einer etwa kugelförmigen Umgebung K_1 von $\mathbf{x}_2$ zeigt dann, daß u auch in K_1 konstant ist. Für einen Randpunkt von K_1 führen wir dann die gleichen Überlegungen wie für $\mathbf{x}_2$ durch und setzen dieses sogenannte Kugelkettenverfahren immer weiter fort. Da B zusammenhängend ist, wird schließlich jeder Punkt aus B von einer solchen „Kugelkette" erfaßt, so daß also u in ganz B konstant ist. Das ist aber ein Widerspruch zur Voraussetzung.

Aus dem Maximumprinzip ergibt sich leicht eine bedeutsame Aussage für das Dirichletsche Problem.

Satz 5.15: *Das innere Dirichletsche Problem besitzt höchstens eine Lösung.* S.5.15

Beweis: u_1 und u_2 seien Lösungen des inneren Dirichletschen Problems für den beschränkten Bereich B mit den stetigen Randwerten h. Die Funktion $u = u_1 - u_2$ ist dann in B auch harmonisch und hat die Randwerte $u|_{\partial B} = u_1|_{\partial B} - u_2|_{\partial B} = h - h = 0$. Nach dem Maximumprinzip werden Maximum und Minimum von u auf ∂B angenommen, sind also gleich 0. Offenbar muß dann u identisch verschwinden, also gilt $u_1 = u_2$ in B.

Mit Hilfe der Methode der Rückführung auf Integralgleichungen läßt sich zeigen, daß unter gewissen Glattheitsvoraussetzungen das innere Dirichletsche Problem im räumlichen Fall mindestens eine Lösung besitzt (siehe Ende von Abschnitt 5.1.1.). Mit Satz 5.15 erhalten wir also das

Ergebnis: *Unter gewissen Glattheitsvoraussetzungen besitzt das innere Dirichletsche Problem im räumlichen Fall genau eine Lösung.*

Bisher hatten wir in diesem Abschnitt Funktionen betrachtet, die im Inneren des beschränkten Bereiches B harmonisch sind. Für im Äußeren eines beschränkten Bereiches B harmonische Funktionen u ergeben sich ähnliche Aussagen, indem man zunächst nur den (beschränkten) Teil von B betrachtet, der in einer gewissen Kugel liegt, und dann den Kugelradius r gegen Unendlich streben läßt. Die Beträge, die sich dabei bei der Integration über die Kugeloberfläche ergeben, verschwinden für $r \to \infty$, falls u hinreichend stark abnimmt. Dies wird durch die Voraussetzung der Regularität von u im Unendlichen (d. h. ru bleibt beschränkt für $r \to \infty$) erzwungen. Es gelten dann mit zum inneren Fall analogen Voraussetzungen – wobei die Normale wieder in das Äußere des betrachteten Bereiches B gerichtet ist – die Formeln (5.25) und (5.26). Formel (5.27) gilt jedoch nicht immer, da $v \equiv 1$ im Unendlichen nicht regulär ist. Ein Beispiel dafür liefert $u(x, y, z) = \dfrac{1}{\sqrt{x^2 + y^2 + z^2}}$ im Äußeren der Einheitskugel. Damit entfällt für das äußere Neumannsche Problem im räumlichen Fall auch die notwendige Lösbarkeitsbedingung (5.28). Die Greensche Darstellungsformel (5.29) und Satz 5.10 bleiben jedoch wieder erhalten. Ebenso behält das Maximumprinzip (Satz 5.14) in der modifizierten Form, daß ∞ als Randpunkt mit $u(\infty) = 0$ aufgefaßt wird, seine Gültigkeit, so daß folglich (vgl. Satz 5.15) auch das äußere Dirichletsche Problem höchstens eine Lösung besitzt. Durch Rückführung auf Integralgleichungen ergibt sich dann unter gewissen Glattheitsvoraussetzungen die Existenz genau einer Lösung.

Der Ausgangspunkt der in diesem Abschnitt gewonnenen Ergebnisse waren die Greenschen Integralformeln, die aus dem Gaußschen Integralsatz im Raum folgten. Gehen wir nun vom Gaußschen Integralsatz in der Ebene aus, so ergeben sich entsprechende Aussagen für harmonische Funktionen in der Ebene. Wir betrachten jetzt einen beschränkten ebenen Bereich B mit der Randkurve ∂B und erhalten dann unter zum räumlichen Fall analogen Voraussetzungen für in B harmonische Funktionen

$$\iint_{\partial B} \left(u \frac{\partial v}{\partial \mathbf{n}} - v \frac{\partial u}{\partial \mathbf{n}} \right) \, \mathrm{d}s = 0,$$

$$\iint_{B} (\operatorname{grad} u)^2 \, \mathrm{d}b = \int_{\partial B} u \frac{\partial u}{\partial \mathbf{n}} \, \mathrm{d}s, \qquad (5.32)$$

$$\int_{\partial B} \frac{\partial u}{\partial \mathbf{n}} \, \mathrm{d}s = 0.$$

Damit besteht insbesondere also auch hier wie beim räumlichen Fall für das innere Neumannsche Problem die notwendige Lösbarkeitsbedingung $\int_{\partial B} g\,ds = 0$ bei vorgegebenen Randwerten g von $\dfrac{\partial u}{\partial \mathbf{n}}$. Wie beim räumlichen Fall zeigt man weiter, daß sich zwei Lösungen nur um eine additive Konstante unterscheiden können, und durch Rückführung auf Integralgleichungen wird für $\int_{\partial B} g\,ds = 0$ die Existenz einer Lösung unter gewissen Glattheitsvoraussetzungen gesichert.

Die Greensche Darstellungsformel lautet jetzt

$$u(\mathbf{x}_0) = \frac{1}{2\pi} \int_{\partial B} \left(\frac{\partial u}{\partial \mathbf{n}} \ln \frac{1}{|\mathbf{x} - \mathbf{x}_0|} - u \frac{\partial}{\partial \mathbf{n}} \ln \frac{1}{|\mathbf{x} - \mathbf{x}_0|} \right) ds, \tag{5.33}$$

so daß auch im ebenen Fall harmonische Funktionen als Summe eines Potentials der einfachen Schicht und eines Potentials der Doppelschicht außerhalb der Belegungen dargestellt werden können. Insbesondere sind also die harmonischen Funktionen auch hier beliebig oft differenzierbar und sogar analytisch. Auch die Gaußschen Mittelwertsätze gelten entsprechend (wobei an Stelle einer Kugel jetzt natürlich ein Kreis tritt). Daraus folgt dann wieder die Gültigkeit des Maximumprinzips und schließlich auch der wichtige Sachverhalt, daß das innere Dirichletsche Problem höchstens eine Lösung besitzt, woraus durch Rückführung auf Integralgleichungen die Existenz genau einer Lösung folgt.

Für den äußeren Fall erhalten wir auch ähnliche Ergebnisse, falls im Unendlichen Regularität (d.h. u bleibt beschränkt für $r \to \infty$) vorausgesetzt wird. Auf zwei Ausnahmen sei jedoch hingewiesen. In der Greenschen Darstellungsformel (5.33) tritt auf der rechten Seite noch die additive Konstante $\lim_{r \to \infty} u(\mathbf{x})$ hinzu, und beim äußeren Neumannschen Problem bleibt im Gegensatz zum räumlichen Fall die für das innere Problem notwendige Lösbarkeitsbedingung bestehen. Bezüglich Existenz und Unität der Lösungen der RWP gelten die für die inneren Probleme des ebenen Falles gemachten Aussagen.

* *Aufgabe 5.3:* Zeigen Sie, daß ein inneres Neumannsches Problem mit den Randwerten

$$\frac{\partial u}{\partial n}\bigg|_{\partial B} = g$$

im Fall $g > 0$ keine Lösung besitzt!

* *Aufgabe 5.4:* Beweisen Sie, daß $u \equiv 0$ die einzige im ganzen Raum harmonische Funktion ist, die im Unendlichen regulär ist.

Hinweis: Stellen Sie $u(\mathbf{x}_0)$ dar mit Hilfe der Greenschen Darstellungsformel für das Äußere eines beschränkten Bereiches und werten Sie das Integral mittels (5.25) aus.

* *Aufgabe 5.5:* Eine Funktion u sei in der Kugel K mit Mittelpunkt $(2, 0, 0)$ und Radius 1 harmonisch und auf dem Rand ∂K noch stetig. Auf ∂K genüge sie der Ungleichung

$$u\big|_{\partial K} \leq \frac{1}{r} \quad (r = \sqrt{x^2 + y^2 + z^2}).$$

Geben Sie eine obere Schranke für u auf ganz K an.

Hinweis: Anwendung des Maximumprinzips auf $w = u - \dfrac{1}{r}$.

5.3. Die Greensche Funktion

Wir sahen in Abschnitt 5.2., daß die Greensche Darstellungsformel Ausgangspunkt für eine Vielzahl wichtiger Eigenschaften harmonischer Funktionen ist. Durch eine weitere Anwendung, die direkt auf die Behandlung von RWP zusteuert, werde dies noch ergänzt. Das Vorgehen sei am Beispiel des inneren Dirichletschen Problems für den beschränkten Bereich B im räumlichen Fall erläutert. Die zu Beginn von Abschnitt 5.2. gemachten Voraussetzungen seien erfüllt. Die Greensche Darstellungsformel (5.29) lautet hier

$$u(\mathbf{x}_0) = \frac{1}{4\pi} \iint_{\partial B} \left(\frac{1}{|\mathbf{x} - \mathbf{x}_0|} \frac{\partial u}{\partial \mathbf{n}} - u \frac{\partial}{\partial \mathbf{n}} \frac{1}{|\mathbf{x} - \mathbf{x}_0|} \right) df.$$

Bei Vorgabe der Randwerte $u|_{\partial B}$ liefert uns dies allerdings noch nicht die Lösung des inneren Dirichletschen Problems, da ja $\partial u/\partial n$ unbekannt ist. Wir versuchen deshalb, dieses störende Glied zu eliminieren. Für eine in B bezüglich $\mathbf{x}$ harmonische Funktion $v = v(\mathbf{x}, \mathbf{x}_0)$, die noch vom Parameter $\mathbf{x}_0$ abhängen soll, gilt nach (5.25):

$$0 = \iint_{\partial B} \left(v \frac{\partial u}{\partial \mathbf{n}} - u \frac{\partial v}{\partial \mathbf{n}} \right) df.$$

Aus der Greenschen Darstellungsformel folgt dann durch Addition

$$u(\mathbf{x}_0) = \iint_{\partial B} \left(\left(\frac{1}{4\pi |\mathbf{x} - \mathbf{x}_0|} + v \right) \frac{\partial u}{\partial \mathbf{n}} - u \frac{\partial}{\partial \mathbf{n}} \left(\frac{1}{4\pi |\mathbf{x} - \mathbf{x}_0|} + v \right) \right) df. \qquad (5.34)$$

Läßt sich nun v so bestimmen, daß $\dfrac{1}{4\pi |\mathbf{x} - \mathbf{x}_0|} + v(\mathbf{x}, \mathbf{x}_0) = 0$ für alle $\mathbf{x}$ auf ∂B gilt, so folgt mit

$$G(\mathbf{x}, \mathbf{x}_0) = \frac{1}{4\pi |\mathbf{x} - \mathbf{x}_0|} + v(\mathbf{x}, \mathbf{x}_0)$$

aus (5.34)

$$u(\mathbf{x}_0) = - \iint_{\partial B} u \frac{\partial G}{\partial \mathbf{n}} df. \qquad (5.35)$$

Eine solche Funktion $G(\mathbf{x}, \mathbf{x}_0)$ heißt **Greensche Funktion** von B für die Potentialgleichung (vgl. auch 4.2.5.). Sie hat nach dem bisher Gesagten unter den zu Beginn von Abschnitt 5.2. gemachten Voraussetzungen folgende Eigenschaften:

1. $G(\mathbf{x}, \mathbf{x}_0)$ *hat für jedes* $\mathbf{x}_0$ *aus dem Inneren von* B *die Gestalt*

$$G(\mathbf{x}, \mathbf{x}_0) = \frac{1}{4\pi |\mathbf{x} - \mathbf{x}_0|} + v(\mathbf{x}, \mathbf{x}_0),$$

wobei $v(\mathbf{x}, \mathbf{x}_0)$ *bezüglich* $\mathbf{x}$ *im Inneren von* B *harmonisch und auf dem Rand* ∂B *nebst 1. und 2. Ableitungen noch stetig ist.*

2. *Für die Randpunkte* $\mathbf{x}$ *nimmt* v *die Randwerte*

$$\mathbf{v}(\mathbf{x}, \mathbf{x}_0)|_{\partial B} = - \frac{1}{4\pi |\mathbf{x} - \mathbf{x}_0|} \bigg|_{\partial B}$$

an.

Besitzt nun B eine Greensche Funktion G, so ist wegen (5.35) die Lösung u des inneren Dirichletschen Problems mit den Randwerten $u|_{\partial B} = h$ unter den gemachten Voraussetzungen durch

$$u(\mathbf{x}_0) = - \iint\limits_{\partial B} h \, \frac{\partial G}{\partial \mathbf{n}} \, df \qquad (5.36)$$

gegeben.

Die Bestimmung von G erfordert wegen der Eigenschaften 1 und 2 zwar die Lösung eines Dirichletschen Problems für v, ist die Greensche Funktion für B jedoch einmal gefunden, so ist nach (5.36) das Dirichletsche Problem für B für jede (stetige) Randfunktion h gewonnen.

Analog kann man auch für das äußere Dirichletsche Problem und für die ebenen Dirichletschen Probleme vorgehen. Ebenso können mit dieser Greenschen Methode auch die Neumannschen Probleme und die RWP für die Poissonsche Gleichung in Angriff genommen werden.

6. Einiges zu nichtlinearen partiellen Differentialgleichungen

6.1. Allgemeine Bemerkungen

In 2.4. haben wir die nichtlinearen partiellen Differentialgleichungen 1. Ordnung kennengelernt. Für sie existiert eine gut ausgebaute Theorie, welche auch die Lösungsmethoden bereitstellt. Es folgten in 3.1. bis 3.3. Klassifikation und Normalformen für die sogenannten fastlinearen partiellen Differentialgleichungen 2. Ordnung. Alle weiteren Abschnitte befaßten sich mit Theorie und Lösungsmethoden für lineare partielle Differentialgleichungen.

Die Gründe dafür, daß die linearen Differentialgleichungen im Mittelpunkt stehen, sind leicht anzugeben. Zum einen sind lineare Probleme aus mathematischer Sicht einfacher als nichtlineare, zum anderen führen viele Anwendungen gerade auf lineare Probleme. Das Zusammenspiel dieser beiden Faktoren ergab im Laufe der Entwicklung ein breites Spektrum von theoretischen und zugleich anwendungsorientierten Erkenntnissen auf dem Gebiet der linearen Differentialgleichungen.

Betrachtet man jedoch die Herleitung von partiellen Differentialgleichungen für physikalisch-technische Anwendungen genauer, stellt man oftmals fest, daß das ursprüngliche Problem *nichtlinear* ist, aber zur Vereinfachung durch Idealisierungen und Vernachlässigungen schwacher Einflüsse linearisiert wurde. Dieses lineare Problem ist dann zwar innerhalb gewisser Grenzen ein brauchbares Modell für den realen Prozeß, kann aber außerhalb dieser Grenzen unbrauchbar werden. Häufig ist es so, daß dann gerade die nichtlinearen Effekte wesentlich sind und eine neue Qualität beschreiben, die durch die linearisierte Gleichung nicht erfaßt werden kann.

Beispiel 6.1: Wir betrachten die Wärmeleitungsgleichung (4.11) ohne Wärmequellen und -senken:

$$\gamma \varrho u_t = \operatorname{div}(k \operatorname{grad} u).$$

Ist dabei $\gamma \varrho$ konstant und k temperaturabhängig, so ergibt sich mit der Temperaturleitfähigkeit $D(u) = \dfrac{k(u)}{\gamma \varrho}$ die partielle Differentialgleichung

$$u_t = \operatorname{div}(D(u) \operatorname{grad} u), \tag{6.1}$$

d. h.

$$u_t = D(u) \operatorname{div} \operatorname{grad} u + \operatorname{grad} D(u) \operatorname{grad} u$$
$$= D(u) \Delta u + D'(u) (\operatorname{grad} u)^2.$$

Mit Einführung einer mittleren Temperaturleitfähigkeit D_0 folgt

$$u_t = D_0 \Delta u + (D(u) - D_0) \Delta u + D'(u) (\operatorname{grad} u)^2.$$

Diese Form der Gleichung (6.1) zeigt deutlich, daß zur linearen Wärmeleitungsgleichung $u_t = D_0 \Delta u$ noch nichtlineare Terme hinzutreten, die bei größeren Temperaturänderungen nicht mehr vernachlässigt werden können. Gleichung (6.1) tritt auch bei Diffusionsprozessen auf (s. (4.17)).

Die Vielfalt möglicher Nichtlinearitäten ist so groß, daß es nicht nur *keine umfassende Theorie* der nichtlinearen partiellen Differentialgleichungen gibt, sondern vermutlich in absehbarer Zukunft auch nicht geben wird. Vielleicht wird eine Anzahl einzelner Theorien entstehen, die sich jeweils auf wichtige spezielle Typen von nichtlinearen partiellen Differentialgleichungen beziehen, aber nur lose miteinander zusammenhängen. Auf dem Wege dazu sind bisher allerdings nur einige wenige Schritte möglich gewesen. So wurden mit *funktionalanalytischen Methoden,* wie etwa der Anwendung von Fixpunktsätzen (Band 22), Aussagen über Existenz und Unität der Lösungen von RWP, AWP, ARWP gewonnen. Eng verbunden mit Untersuchungen dieser Art sind Forschungen zur theoretischen Fundierung numerischer Methoden, wie z. B. Differenzenverfahren und Ansatzmethoden (Band 18). Es muß hervorgehoben werden, daß *numerische Verfahren* einen erheblichen praktischen Wert besitzen; oftmals bieten sie die einzige Möglichkeit zur Behandlung einer nichtlinearen partiellen Differentialgleichung.

Wie wir in 3.5. gesehen haben, ergeben sich aus Lösungen einer linearen homogenen partiellen Differentialgleichung weitere Lösungen durch Überlagerung (Linearkombinationen, Reihen, Integrationen). Dieses *Superpositionsprinzip* ist Kernstück und kraftvollstes Mittel *für lineare Probleme.* Bei nichtlinearen partiellen Differentialgleichungen gilt das Superpositionsprinzip offensichtlich nicht mehr. Es ist bei nichtlinearen Problemen auch noch nicht gelungen, Prinzipien von ähnlicher Tragweite zu finden. Darin sind Schwierigkeit und Kompliziertheit dieser Probleme mit zu sehen.

6.2.   Elementare Lösungsmethoden

Die Kompliziertheit der nichtlinearen Probleme erfordert spezielle mathematische Kenntnisse, die hier nicht zur Verfügung stehen, so daß wir uns auf einige elementare Betrachtungen beschränken müssen und damit natürlich nur einen eng begrenzten Anwendungsbereich erfassen können.

Die einfachste Möglichkeit ist der Versuch, durch *Einführung von neuen Variablen* zu einfacheren Gleichungen zu gelangen, z. B. zu linearen partiellen Differentialgleichungen oder zu gewöhnlichen Differentialgleichungen. Dies soll durch Beispiele erläutert werden. Die dabei benötigten Voraussetzungen über Stetigkeit, Differenzierbarkeit, Existenz von Umkehrfunktionen u. ä. seien erfüllt.

Zunächst kann versucht werden, durch $\varphi = F(u)$ oder $u = G(\varphi)$ statt u die neue abhängige Variable φ einzuführen. F bzw. G sollen dabei so bestimmt werden, daß für φ eine einfachere Differentialgleichung entsteht.

Beispiel 6.2: Für eine zeitunabhängige Temperaturverteilung ergibt sich aus der nichtlinearen Wärmeleitungsgleichung (6.1) die **Pseudo-Laplacegleichung**

$$\operatorname{div}(D(u)\,\operatorname{grad} u) = 0. \tag{6.2}$$

Sie ist eine nichtlineare elliptische partielle Differentialgleichung 2. Ordnung. Wegen $\operatorname{grad} F(u) = F'(u)\,\operatorname{grad} u$ bestimmen wir $F(u)$ so, daß

$$F'(u) = D(u)$$

gilt. Die Substitution

$$\varphi = F(u)$$

überführt dann (6.2) in die Laplacegleichung

$$\operatorname{div}\operatorname{grad}\varphi = 0.$$

Aus den Lösungen φ dieser Gleichung ergeben sich somit die Lösungen u von (6.2) durch $u = F^{-1}(\varphi)$ (F^{-1} Umkehrfunktion von F).

Diese einfache Methode wird nur in wenigen Fällen zum Ziele führen. Sie ist aber noch ausbaufähig durch Einschieben von Differentiationen oder Integrationen der abhängigen Variablen. Auch hierzu ein Beispiel.

Beispiel 6.3: Die **Burgersgleichung** lautet

$$u_t = -u u_x + u_{xx}. \tag{6.3}$$

Sie ist eine nichtlineare parabolische partielle Differentialgleichung 2. Ordnung. Die Substitution $\varphi = F(u)$ bzw. $u = G(\varphi)$ führt hier nicht zum Ziel (der Leser möge dies nachrechnen). Wir nutzen den Umstand aus, daß die rechte Seite von (6.3) als Ableitung geschrieben werden kann: $-uu_x + u_{xx} = (-\tfrac{1}{2}u^2 + u_x)_x$. Damit ergibt sich für (6.3):

$$u_t = v_x \quad \text{mit} \quad v = -\tfrac{1}{2}u^2 + u_x.$$

Die erste dieser Gleichungen ist erfüllt für eine Funktion w mit

$$w_x = u, \quad w_t = v.$$

Die zweite bedeutet dann

$$w_t = -\tfrac{1}{2}w_x^2 + w_{xx}.$$

Hier hilft nun glücklicherweise die Substitution

$$w = G(\varphi)$$

weiter. Wie leicht nachzurechnen ist, ergibt sich

$$G'(\varphi)\, \varphi_t = (-\tfrac{1}{2}G'^2(\varphi) + G''(\varphi))\, \varphi_x^2 + G'(\varphi)\, \varphi_{xx}.$$

Wir wählen G so, daß diese Differentialgleichung einfach wird, nämlich als eine Lösung von $-\tfrac{1}{2}G'^2(\varphi) + G''(\varphi) = 0$. Die Integration dieser gewöhnlichen Differentialgleichung bereitet keine Schwierigkeiten; eine Lösung ist z. B.

$$G(\varphi) = -2 \ln \varphi.$$

Wegen $w_x = u$ wird damit (6.3) durch

$$u = -2 \frac{\partial}{\partial x} \ln \varphi$$

auf die lineare Wärmeleitungsgleichung

$$\varphi_t = \varphi_{xx}$$

zurückgeführt.

Hilfsfunktionen w, die ähnlich wie in Beispiel 6.3 eingeführt werden, nennt man in Analogie zu hydrodynamischen Vorstellungen auch *Stromfunktionen*. Sie spielen bei manchen Dgl.-Systemen eine wichtige Rolle.

Die Burgersgleichung tritt in der *nichtlinearen Wellentheorie* auf. Die nichtlineare Wellentheorie hat große Bedeutung in Gebieten wie Hydrodynamik, Elektrodynamik, Plasmaphysik, Lasertheorie, nichtlineare Optik, allgemeine Feldtheorien.

Ein zweiter Typ von Substitutionen ist die Einführung von neuen unabhängigen Variablen. Hierbei kann insbesondere dann eine Vereinfachung erreicht werden, wenn es gelingt, die Zahl der unabhängigen Variablen zu reduzieren. An Hand einer weiteren nichtlinearen Wellengleichung sei dies vorgeführt.

Beispiel 6.4: Die **Sinus-Gordon-Gleichung** lautet

$$u_{tt} - u_{xx} = -\sin u. \qquad (6.4)$$

Sie ist eine nichtlineare hyperbolische partielle Differentialgleichung 2. Ordnung. Physikalische Betrachtungen legen nahe, Lösungen der Form $u = u(x - at)$ zu suchen, also forminvariante Wellen konstanter Ausbreitungsgeschwindigkeit a (sogenannte *stationäre Wellen*). Wir führen deshalb

$$\xi = x - at \quad (a \text{ reell})$$

als einzige neue unabhängige Variable ein und erhalten damit aus (6.4) für $u(\xi)$ die gewöhnliche nichtlineare Differentialgleichung

$$(a^2 - 1)\, u''(\xi) = -\sin u(\xi).$$

Für $|a| = 1$ ergeben sich nur die konstanten Lösungen

$$u(\xi) = n\pi \quad (n \text{ ganz}),$$

Für $|a| \neq 1$ erfolgt die Behandlung nach der Energiemethode (Band 7/1) und liefert

$$u'^2 = \frac{2}{a^2 - 1}(\cos u + C) \quad (C \text{ konstant}).$$

Die weitere Integration geschieht durch Trennung der Veränderlichen. Dabei treten i. allg. elliptische Integrale auf. Elementare Integration ist möglich für $C = \pm 1$. So ergibt sich etwa für $C = -1$ und $|a| < 1$ die Lösung

$$u(\xi) = 2n\pi + 4 \arctan\left(\exp\frac{\xi - \xi_0}{\sqrt{1 - a^2}}\right) \quad (n \text{ ganz}, \xi_0 \text{ beliebig}).$$

Mit $\xi = x - at$ haben wir damit Lösungen von (6.4) gewonnen.

Die genannten Methoden zur Einführung von neuen Variablen lassen sich noch in verschiedener Weise verallgemeinern (s. [10]). Zum Beispiel kann man neue abhängige und neue unabhängige Variable gleichzeitig einführen (*gemischte Transformationen*), die Rollen von abhängigen und unabhängigen Variablen vertauschen (*Hodographenmethode*), Ableitungen in die Substitutionen mit einbeziehen (*Berührungstransformationen* u. a.) und manches andere mehr. Jedoch sind solche elementaren Methoden zur Behandlung einer nichtlinearen partiellen Differentialgleichung häufig nicht ausreichend. Oft gelingt es nicht einmal eine Substitution zu finden, welche die Gleichung vereinfacht. Außerdem ist zu bedenken, daß viele dieser Methoden nur ganz spezielle Lösungen liefern (wie etwa in Beispiel 6.4). Ferner können vorgegebene Zusatzbedingungen durch die Substitutionen kompliziert werden und dadurch neue Schwierigkeiten bereiten.

Aufgabe 6.1: Gegeben ist die **Korteweg-de-Vries-Gleichung**

$$u_t = -uu_x + u_{xxx}.$$

Auf welche gewöhnliche Differentialgleichung führt die Betrachtung von Lösungen der Form $u = u(x - at)$ (stationäre Wellen)? Wie kann diese gewöhnliche Differentialgleichung weiterbehandelt werden?

Lösungen der Aufgaben

1.4: 1. Ordnung, linear und homogen.

1.5: 2. Ordnung, quasilinear.

1.6: 3. Ordnung, nichtlinear.

1.7: $u = F(x)\,\mathrm{e}^{-2y} + G(x)\,\mathrm{e}^{xy} - \dfrac{1}{2x}$.

1.8: $u = F(x)\,\mathrm{e}^{y} + G(x)\,\mathrm{e}^{-y} - xy + H(y)$.

2.1: $u = xy$.

2.2: $u_1 = x + y - z,\ u_2 = x^2 - y^2$.

2.3: $u_i = x_i/x_n\ (i = 1, 2, \ldots, n)$.

2.4: Nur f_1, f_3 bilden keine Integralbasis.

2.5: 2.1 $u = \Omega(xy)$.

      2.2 $u = \Omega(x + y - z, x^2 - y^2)$.

2.6: $\Omega(u/y, x/y - \ln y) = 0$.

(Allgemeine Lösung des charakteristischen Systems in der Reihenfolge der Berechnung: $u = C_1 \mathrm{e}^t$, $y = C_2 \mathrm{e}^t, x = C_3 \mathrm{e}^t + C_2 t \mathrm{e}^t$).

2.7: $\Omega(x - y, x^2 + y^2 - u^2) = 0$.

(Aus dem charakteristischen System folgt: $x' - y' = 0, xx' + yy' - uu' = 0$).

2.8: $u = \mathrm{e}^{x+y^2}$.

(Allgemeine Lösung des charakteristischen Systems:
$y = -t + C_1, x = -t^2 + 2C_1 t + C_2$).

2.9: $u = \ln (x^2 - y)$.

(Allgemeine Lösung des charakteristischen Systems:
$x = t + C_1, y = C_2 \mathrm{e}^{2t}, u = \ln (t^2 + 2C_1 t - C_2 \mathrm{e}^{2t} + C_3)$).

2.10: $u = y\mathrm{e}^{x-z}$.

(Charakteristiken durch Anfangsmannigfaltigkeit mit
$x_0 = s_1, y_0 = s_2 : x = t + s_1, y = s_2 \mathrm{e}^{-t}, z = -t + s_1 + \ln s_2, u = \mathrm{e}^t$).

2.11: Ja.

2.12: $u = x^2$.

2.13: Erster Anfangsstreifen $q_0 = s, p_0 = s^2$;
$$u = \frac{1}{27} \left\{ 2x^3 + 9xy + 2\sqrt{(x^2 + 3y)^3} \right\}.$$

Zweiter Anfangsstreifen $q_0 = -3s, p_0 = 9s^2$;
$$u = \frac{1}{25} \left\{ 54x^3 - 45xy + 2\sqrt{(9x^2 - 5y)^3} \right\}.$$

3.3: a) Hyperbolisch für $y < x^2$, elliptisch für $y > x^2$, parabolisch für $y = x^2$.

b) Parabolisch für alle (x, y).

3.4: a) 1. Normalform: $\omega_{\xi\eta} - \dfrac{2\xi - \eta}{3(\xi^2 - \eta^2)}\,\omega_\xi + \dfrac{2\eta - \xi}{3(\xi^2 - \eta^2)}\,\omega_\eta = 0$.

(Transformationsbeziehungen: $\xi = 2\sqrt{y} + \frac{2}{3}(-x)^{3/2}$, $\quad \eta = 2\sqrt{y} - \frac{2}{3}(-x)^{3/2}$,

$x = -\left\{\frac{3(\xi - \eta)}{4}\right\}^{2/3}$, $\quad y = \left(\frac{\xi + \eta}{4}\right)^2$).

2. Normalform: $\Omega_{\alpha\alpha} - \Omega_{\beta\beta} - \frac{1}{\alpha}\Omega_\alpha - \frac{1}{3\beta}\Omega_\beta = 0$.

b) $\omega_{\xi\xi} + \omega_{\eta\eta} + \frac{1}{3\xi}\omega_\xi - \frac{1}{\eta}\omega_\eta = 0$.

(Transformationsformeln: $\xi = \frac{2}{3}x^{3/2}$, $\quad \eta = 2\sqrt{y}$).

3.5: $\omega_{\xi\xi} = 0$.
(Transformationsgleichungen: $\xi = x$ (frei gewählt), $\eta = y + x$).

3.6: Elliptische Normalform: $\omega_{xx} + \omega_{yy} + \omega_{zz} + F = 0$;

hyperbolische Normalform: $\omega_{xx} + \omega_{yy} - \omega_{zz} + F = 0$;

parabolische Normalform: $\omega_{xx} + \varkappa\omega_{yy} + F = 0$ ($\varkappa = 0$ oder 1 oder -1).

3.7: $u_1 = e^{\alpha x + (\alpha + 1)y}$, $u_2 = e^{\alpha x - (\alpha + 3)y}$.

3.8: $u_1 = e^{x + \beta y}$, $u_2 = e^{\alpha x - y}$.

3.9: a) $u = C \exp\left[\frac{\lambda}{2}(x^2 + y^2/(1 - \lambda))\right]$;

(separierte Gleichung: $\varphi'(x)/x\varphi(x) = \psi'(y)/[\psi'(y) + y\psi(y)] = \lambda$).

b): $u(x, y) = \left(A_1 x^{\sqrt{\lambda}} + A_2 x^{-\sqrt{\lambda}}\right)\left(B_1 e^{\sqrt{1-\lambda}y} + B_2 e^{-\sqrt{1-\lambda}y}\right)$, $\quad 0 \leq \lambda \leq 1$;

(separierte Gleichung:

$[x^2\varphi''(x) + x\varphi'(x)]/\varphi(x) = 1 - \psi''(y)/\psi(y) = \lambda$).

c): $u(x, y) = \left(C_1 e^{\sqrt{\lambda}y} + C_2 e^{-\sqrt{\lambda}y}\right)(\sin x)^{\lambda - 1}$, $\quad 0 \leq \lambda$;

(separierte Gleichung:

$\psi''(y)/\psi(y) = 1 + \tan x \, \varphi'(x)/\varphi(x) = \lambda$).

4.1: $u(x, t) = \frac{1}{2}(1 + e^{-4t}\cos(2x))$.
(Eigenwerte: $\lambda_n = -n^2$; Eigenfunktionen: $u_n(x, t) = C_n e^{-n^2 t}\cos(nx)$).

4.2: $u(x, t) = xt - x - \frac{2}{\pi^5}\sum_{n=1}^{\infty}\frac{(-1)^n}{n^5}\left[e^{-n^2\pi^2 t} + n^2\pi^2 t - 1\right]\sin(n\pi x)$.

(Hinweis: $x = -\frac{2}{\pi}\sum_{n=1}^{\infty}\frac{(-1)^n}{n}\sin(n\pi x)$ $\quad (0 \leq x \leq 1)$;

zur Kontrolle: $\bar{v}_n(t) = C_n e^{-n^2\pi^2 t} - 2\frac{(-1)^n t}{n^2\pi^3} + 2\frac{(-1)^n}{n^5\pi^5}$).

4.3: $u(x, t) = \frac{1}{2}(\varphi(x + t) + \varphi(x - t))$ (siehe Bild L. 4.1).

4.4: Die Randbedingungen lauten (s. 4.3.2.)

$$\left.\frac{\partial u}{\partial x}\right|_{x=0} = 0, \quad \left.\frac{\partial u}{\partial x}\right|_{x=l} = 0.$$

Für die d'Alembertsche Lösung bedeutet dies

$$0 = \frac{1}{2}(\varphi'(at) + \varphi'(-at)) + \frac{1}{2a}(\psi(at) - \psi(-at))$$

und

$$0 = \frac{1}{2}(\varphi'(l + at) + \varphi'(l - at)) + \frac{1}{2a}(\psi(l + at) - \psi(l - at)).$$

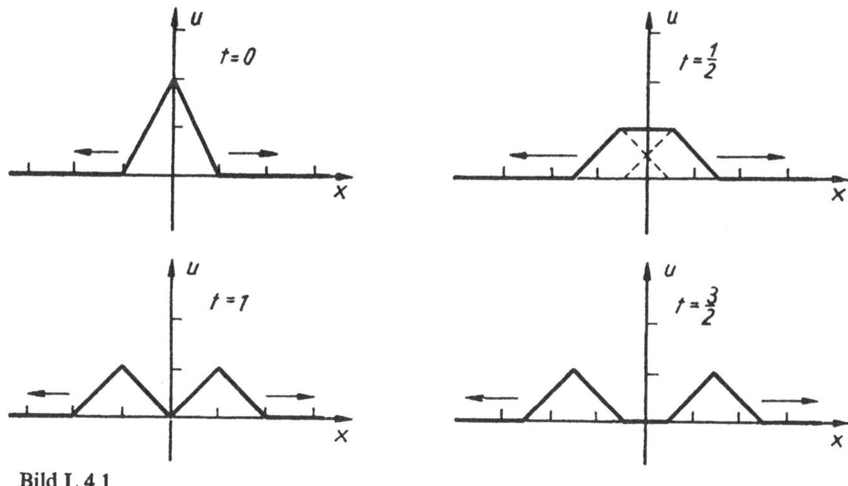

Bild L.4.1

Analog zur Herleitung von (4.53) folgt: φ und ψ sind mit der Periode $2l$ als gerade Funktionen fortzusetzen.

4.5: Nach (4.56) und (4.57) folgt

$$u(x,t) = \frac{32}{3\pi^2} \sum_{n=1}^{\infty} \frac{1}{n^2} \sin \frac{n\pi}{4} \cos \frac{n\pi a}{l} t \sin \frac{n\pi}{l} x.$$

4.6: Es handelt sich hierbei um das ARWP (4.58) mit $\varphi(x) = 0$, $\psi(x) = 0$ und $f(x,t) = h(x)\sin \omega t$ Mit den Bezeichnungen von 4.3.3.2. gilt dann $u = u^* + u^{**}$. Wegen $\varphi = 0$ und $\psi = 0$ folgt $u^* = 0$ also

$$u(x,t) = \sum_{n=1}^{\infty} \tilde{u}_n(t) \sin \frac{n\pi}{l} x.$$

Wir erhalten für $\tilde{u}_n$ das AWP

$$\tilde{u}_n''(t) + \frac{n^2\pi^2 a^2}{l^2} \tilde{u}_n(t) = c_n \sin \omega t$$

mit

$$c_n = \frac{2}{l} \int_0^l h(x) \sin \frac{n\pi}{l} x \, dx,$$

$$\tilde{u}_n(0) = 0, \quad \tilde{u}_n'(0) = 0.$$

Mit $\omega_n = \dfrac{n\pi a}{l}$ folgt

$$\tilde{u}_n(t) = \frac{c_n}{\omega_n^2 - \omega^2} \left(\sin \omega t - \frac{\omega}{\omega_n} \sin \omega_n t \right) \text{ falls } \omega \neq \omega_n$$

und

$$\tilde{u}_n(t) = \frac{c_n}{2\omega^2} (\sin \omega t - \omega t \cos \omega t) \text{ falls } \omega = \omega_n \text{ (Resonanz!)}.$$

4.7: Der Produktansatz $u(x,t) = X(x)\,T(t)$ führt für X auf die Eigenwertaufgabe $X'' - \lambda X = 0$, $X(0) = X(l) = 0$ mit den Eigenwerten $\lambda_n = -\dfrac{n^2\pi^2}{l^2}$ und den Eigenfunktionen $X_n = \sin \dfrac{n\pi}{l} x$ und für T auf die Differentialgleichung $T'' + 2\gamma T' - a^2\lambda T = 0$.

Für $\lambda = \lambda_n$ erhalten wir die Lösungen

$$T_n(t) = e^{-\gamma t}(A_n \cos \delta_n t + B_n \sin \delta_n t) \quad \text{mit} \quad \delta_n = \sqrt{\frac{n^2\pi^2 a^2}{l^2} - \gamma^2}$$

(wegen der Voraussetzung $\gamma < \dfrac{a\pi}{l}$ ist der Radikand stets positiv).

Für

$$u(x, t) = \sum_{n=1}^{\infty} e^{-\gamma t}(A_n \cos \delta_n t + B_n \sin \delta_n t) \sin \frac{n\pi}{l} x$$

ergeben die Anfangsbedingungen

$$A_n = \frac{2}{l} \int_0^l \varphi(x) \sin \frac{n\pi}{l} x \, dx, \quad B_n = \frac{1}{\delta_n}\left(\gamma A_n + \frac{2}{l} \int_0^l \psi(x) \sin \frac{n\pi}{l} x \, dx\right).$$

4.8: a) Aus (4.64) folgt ν_2 für $m = 1$, $n = 2$ oder $m = 2$, $n = 1$ zu $\nu_2 = \dfrac{a\sqrt{5}}{2b}$

b) Aus (4.64) und (4.65) folgt

$$\varphi(x, y) = A_{12} \sin \frac{\pi}{b} x \sin \frac{2\pi}{b} y + A_{21} \sin \frac{2\pi}{b} x \sin \frac{\pi}{b} y.$$

c) $u(x, y, t) = \cos \dfrac{\sqrt{5}\,\pi a}{b} t \left(A_{12} \sin \dfrac{\pi}{b} x \sin \dfrac{2\pi}{b} y + A_{21} \sin \dfrac{2\pi}{b} x \sin \dfrac{\pi}{b} y\right).$

Gleichung der Knotenlinien:

$$A_{12} \sin \frac{\pi}{b} x \sin \frac{2\pi}{b} y + A_{21} \sin \frac{2\pi}{b} x \sin \frac{\pi}{b} y = 0,$$

d.h.

$$A_{12} \cos \frac{\pi}{b} y + A_{21} \cos \frac{\pi}{b} x = 0.$$

Spezialfälle:

$$A_{12} = 0:\ x = \frac{b}{2}, \quad A_{21} = 0:\ y = \frac{b}{2}, \quad A_{12} = A_{21}:\ y = b - x, \quad A_{12} = -A_{21}:\ y = x.$$

4.9: Anfangsbedingungen: $u(x, y, z, 0) = \varphi(r), u_t(x, y, z, 0) = \psi(r) \quad (r = |\mathbf{x}|)$.

Poissonsche Wellenformel (4.73c)

$$u(0, 0, 0, t) = \frac{\partial}{\partial t}(t\varphi(at)) + t\psi(at) = \varphi(at) + at\varphi'(at) + t\psi(at).$$

4.10:

$$\Phi(\varphi) = \begin{cases} B_1\varphi + B_2 & \text{für} \quad \lambda = 0 \\ B_1 e^{\sqrt{-\lambda}\,\varphi} + B_2 e^{-\sqrt{-\lambda}\,\varphi} & \text{für} \quad \lambda < 0 \\ B_1 \sin \sqrt{\lambda}\,\varphi + B_2 \cos \sqrt{\lambda}\,\varphi & \text{für} \quad \lambda > 0. \end{cases}$$

$\lambda = 0$: Randbedingungen ergeben $-2\pi B_1 = 0$, B_2 beliebig; also $\lambda = 0$ Eigenwert mit Eigenfunktion 1.

$\lambda < 0$: Randbedingungen ergeben

$$\left(1 - e^{2\pi\sqrt{-\lambda}}\right) B_1 + \left(1 - e^{-2\pi\sqrt{-\lambda}}\right) B_2 = 0$$
$$\left(1 - e^{2\pi\sqrt{-\lambda}}\right) B_1 - \left(1 - e^{-2\pi\sqrt{-\lambda}}\right) B_2 = 0.$$

Da die Koeffizientendeterminante $\neq 0$ ist, existieren keine negativen Eigenwerte.

$\lambda > 0$: Randbedingungen ergeben

$$-B_1 \sin 2\pi\sqrt{\lambda} + B_2\left(1 - \cos 2\pi\sqrt{\lambda}\right) = 0$$
$$B_1\left(1 - \cos 2\pi\sqrt{\lambda}\right) + B_2 \sin 2\pi\sqrt{\lambda} = 0.$$

Nullsetzen der Koeffizientendeterminante: $\cos 2\pi \sqrt{\lambda} = 1$, also Eigenwerte $\lambda_n = n^2 (n = 1, 2, 3, ...)$. Für $\lambda = \lambda_n$ folgt, daß B_1, B_2 beliebig sind. Damit sind $\cos n\varphi$ und $\sin n\varphi$ $(n = 1, 2, 3, ...)$ Eigenfunktionen.

4.11: $u(r) = C_1/r + C_2$. Die Randbedingungen liefern $C_1 = 2$ und $C_2 = 3$, also $u(r) = 2/r + 3$.

4.12: Wegen $\cos^2\varphi = \frac{1}{2} + \frac{1}{2}\cos 2\varphi$ gilt $u(r, \varphi) = \frac{1}{2} + \frac{1}{8} r^2 \cos 2\varphi$. Umrechnung in kartesische Koordinaten: $u = \frac{1}{2} + \frac{1}{8}(x^2 - y^2)$.

4.13: Das Poissonsche Integral liefert für $r = 0$ den Wert

$$\frac{1}{4\pi} \int\limits_0^{2\pi} \int\limits_0^{\pi} u(R, \vartheta', \varphi') \sin \vartheta' \, d\vartheta' \, d\varphi' = \frac{1}{4\pi R^2} \iint\limits_{\partial K} u \, df,$$

also den Mittelwert von u auf der Kugeloberfläche.

5.1: Das Potential ist im Hohlraum nach (5.7) gleich

$$2\pi\varrho(R_2^2 - \tfrac{1}{3}r^2) - 2\pi\varrho(R_1^2 - \tfrac{1}{3}r^2) = 2\pi\varrho(R_2^2 - R_1^2),$$

also konstant. Folglich verschwindet dort das Kraftfeld, und der Massenpunkt bewegt sich gleichförmig geradlinig oder ruht.

5.2: Die Kugel habe den Radius R und den Mittelpunkt $(0, 0, 0)$. Die Flächendichte sei σ $(= \text{const})$. Dann (vgl. Beispiel 5.1):

$$V^\sigma(0, 0, z) = \int\limits_0^{\pi} \int\limits_0^{2\pi} \frac{\sigma R^2 \sin \vartheta'}{\sqrt{R^2 - 2Rz \cos \vartheta' + z^2}} \, d\varphi' \, d\vartheta'$$

$$= \begin{cases} \dfrac{4\pi R^2\sigma}{z} & \text{für} \quad z \geqq R \\ 4\pi R\sigma & \text{für} \quad 0 \leqq z < R. \end{cases}$$

Aus Symmetriegründen ist V^σ nur vom Abstand r vom Kugelmittelpunkt abhängig, so daß

$$V^\sigma(r) = \begin{cases} \dfrac{4\pi R^2\sigma}{r} & \text{für} \quad r \geqq R \\ 4\pi R\sigma & \text{für} \quad 0 \leqq r < R \end{cases}$$

gilt. Außerhalb der Kugel verläuft also das Potential so, als wäre die Gesamtmasse $4\pi R^2\sigma$ im Kugelmittelpunkt konzentriert. Im Inneren der Kugel ist das Potential konstant, das Kraftfeld verschwindet dort also.

5.3: Die notwendige Lösbarkeitsbedingung (5.28) $\iint\limits_{\partial B} g \, df = 0$ ist wegen $g > 0$ nicht erfüllt.

5.4: Liegt $\mathbf{x}_0$ im Äußeren, so verschwindet das in der Greenschen Darstellungsformel für Außengebiete auftretende Integral nach (5.25), da dann u und $v = 1/|\mathbf{x} - \mathbf{x}_0|$ im Inneren harmonische Funktionen sind. Also gilt $u(\mathbf{x}_0) = 0$. Da $\mathbf{x}_0$ beliebig gewählt werden konnte, folgt $u \equiv 0$.

5.5: Nach Voraussetzung gilt $w|_{\partial K} \leqq 0$. Da $1/r$ in K harmonisch ist, ist dort auch $w = u - 1/r$ harmonisch, so daß nach dem Maximumprinzip das Maximum von w sicher $\leqq 0$ ist. Folglich gilt $u \leqq 1/r$ auf ganz K. Wegen $r \geqq 1$ auf K folgt $1/r \leqq 1$ auf K, also auch $u \leqq 1$ auf K.

6.1: Für $u = u(\xi)$ mit $\xi = x - at$ folgt die gewöhnliche Differentialgleichung $-au' = -uu' + u'''$ $= (-\frac{1}{2}u^2 + u'')'$ und damit durch Integration $-au = -\frac{1}{2}u^2 + u'' + \text{const}$. Die weitere Behandlung erfolgt durch die Energiemethode und führt i. allg. auf elliptische Funktionen. Für gewisse Wahl der auftretenden Integrationskonstanten ergeben sich elementare Lösungen der Form $u(\xi) = \alpha \cosh^{-2}[\beta(\xi - \xi_0)] + \gamma$ (sog. *Solitonenlösungen*).

Literatur

[1] *Babitsch, W. M.; u. a.:* Lineare Differentialgleichungen der mathematischen Physik (Übers. a. d. Russischen). 1. Aufl. Berlin: Akademie-Verlag 1972.

[2] *Kamke, E.:* Differentialgleichungen, Lösungsmethoden und Lösungen, Bd. II: Partielle Differentialgleichungen erster Ordnung für eine gesuchte Funktion, 5. Aufl. Leipzig: Akademische Verlagsgesellschaft Geest & Portig K.-G. 1965.

[3] *Kneschke, A.:* Differentialgleichungen und Randwertprobleme, Bd. II: Partielle Differentialgleichungen, 2. Aufl. Berlin: Verlag Technik 1961.

[4] *Lewin, W. I.; Grosberg, J. I.:* Differentialgleichungen der mathematischen Physik (Übers. a. d. Russischen). 1. Aufl. Berlin: Verlag Technik 1952.

[5] *Petrowski, I. G.:* Vorlesungen über partielle Differentialgleichungen (Übers. a. d. Russischen). 1. Aufl. Leipzig: B. G. Teubner Verlagsgesellschaft 1955.

[6] *Smirnow, W. I.:* Lehrgang der höheren Mathematik Teil II (Übers. a. d. Russischen). 15. Aufl. Berlin: VEB Deutscher Verlag der Wissenschaften 1981.

[7] *Smirnow, W. I.:* Lehrgang der höheren Mathematik Teil IV (Übers. a. d. Russischen). 9. Aufl. Berlin: VEB Deutscher Verlag der Wissenschaften 1979.

[8] *Stepanow, W. W.:* Lehrbuch der Differentialgleichungen (Übers. a. d. Russischen). 5. Aufl. Berlin: VEB Deutscher Verlag der Wissenschaften 1982.

[9] *Tychonoff, A. N.; Samarski, A. A.:* Differentialgleichungen der mathematischen Physik (Übers. a. d. Russischen). 1. Aufl. Berlin: VEB Deutscher Verlag der Wissenschaften 1959.

[10] *Ames, W. F.:* Nonlinear partial differential equations in engineering. New York–London Academic Press 1965.

Namen- und Sachregister

Mathematik für Ingenieure, Naturwissenschaftler, Ökonomen und Landwirte